Sédimentation des élément-traces métalliques dans l'environnement

Julien Guigue

Sédimentation des élément-traces métalliques dans l'environnement

Exemple du cuivre et du zinc dans un système d'épuration des lixiviats d'ordures ménagères par lagunage naturel

Presses Académiques Francophones

Impressum / Mentions légales

Bibliografische Information der Deutschen Nationalbibliothek: Die Deutsche Nationalbibliothek verzeichnet diese Publikation in der Deutschen Nationalbibliografie; detaillierte bibliografische Daten sind im Internet über http://dnb.d-nb.de abrufbar.

Information bibliographique publiée par la Deutsche Nationalbibliothek: La Deutsche Nationalbibliothek inscrit cette publication à la Deutsche Nationalbibliografie; des données bibliographiques détaillées sont disponibles sur internet à l'adresse http://dnb.d-nb.de.

Coverbild / Photo de couverture: www.ingimage.com

Verlag / Editeur:
Presses Académiques Francophones
ist ein Imprint der / est une marque déposée de
AV Akademikerverlag GmbH & Co. KG
Heinrich-Böcking-Str. 6-8, 66121 Saarbrücken, Deutschland / Allemagne
Email: info@presses-academiques.com

Herstellung: siehe letzte Seite /
Impression: voir la dernière page
ISBN: 978-3-8381-7963-6

TABLE DES MATIÈRES

1

Introduction

Les éléments traces métalliques (ETM) constituent moins de 1% de l'écorce terrestre. Leur abondance naturelle dans l'environnement correspond au fond géochimique. Il existe des zones de concentration de ces éléments d'où l'homme a tiré les différents minerais. Les évolutions de nos modes de production et de consommation ont mené à une exploitation accrue des gisements et à la dissémination des ETM dans le milieu naturel. Les sources principales de contamination sont l'industrie minière, les fonderies, la métallurgie, l'agriculture, la combustion des énergies fossiles, l'épandage de boues d'épuration et les déchets (Alloway, 1995). La dispersion des ETM dans l'environnement se fait par voie atmosphérique (transfert particulaire) ou par dépôt direct (épandage, déchets).

La prise de conscience des risques environnementaux liés aux ETM a permis de diminuer les quantités de particules dispersées par voie atmosphérique en développant l'utilisation de filtres dans les procédés industriels. Cette démarche a cependant entraîné la production de déchets enrichis en ETM : les filtres usagés. La politique de regroupement et de confinement dans les centres de stockage des déchets (CSD) est l'action entreprise pour diminuer les risques de contamination par les dépôts directs. Cette action mène à l'accumulation de grandes quantités d'ETM dans des structures parfois qualifiées de bombes (métalliques) à retardement (Stigliani, 1991). La gestion et la surveillance de ces installations sont donc des préoccupations majeures pour les sociétés modernes.

Le transfert des ETM depuis les CSD se fait en phase aqueuse. La percolation d'eau à travers les masses de déchets entraîne la mise en solution et la mobilisation de nombreux composés dont les ETM. Le lixiviat ainsi généré déplace les ETM hors de la zone confinée et les disperse dans l'environnement.

Le présent mémoire a pour but d'étudier les processus de transfert d'ETM en phase aqueuse depuis un CSD vers l'environnement. Le site étudié ne

3

reçoit plus de déchets depuis 2002 et ce travail s'inscrit donc dans la démarche de surveillance des CSD après la cessation de leur activité. Ce site est équipé d'un système de lagunage recevant le lixiviat. Une épuration naturelle a lieu dans ces lagunes puis le lixiviat est rejeté dans l'environnement.

Les différentes fractions du lixiviat ont été analysées afin d'identifier les vecteurs de transfert d'ETM. Les concentrations totales en ETM dans les sédiments de lagunage sont déterminées parallèlement à la caractérisation des phases organiques et minérales dans le but d'appréhender les processus liés à la sédimentation des ETM (Guigue et al., 2013).

I Synthèse bibliographique

1. Le stockage des déchets

En France, la production d'ordures ménagères est estimée à 20,1 millions de tonnes pour l'année 2007. Les déchets sont ensuite répartis entre les différentes filières de traitements. Les trois principaux modes de traitements sont la valorisation énergétique (29 %), le recyclage (33,5%) et l'entassement dans les installations de stockage des déchets non dangereux (ISDND) (31%) (ADEME, 2009). Pour des raisons économiques, cette dernière alternative reste la plus attractive et la plus couramment utilisée, notamment dans les pays en voie de développement. Il existe différents niveaux de technologie dans la gestion des déchets allant du dépôt « à même le sol » à l'enfouissement dans des alvéoles imperméabilisées par des géomembranes, au broyage ou encore au compostage des ordures. Le stockage des déchets n'est pas sans générer un risque pour l'environnement puisqu'il en résulte des accumulations de substances toxiques dans ces ISDND. En effet, de fortes teneurs en matières organiques et la présence d'éléments traces métalliques (ETM) ont été mesurées dans les déchets (Prudent et al., 1996 ; Prechtai et al., 2008 ; Long et al., 2009). Les quantités d'ETM ainsi entassées représentent une menace pour les milieux aquatiques et la santé des populations voisines en cas de transfert (Boeglin et al., 2006 ; Mangimbulude et al., 2009).

2. Les transferts des contaminants

La préoccupation majeure est le transfert de ces polluants depuis l'ISDND vers l'environnement. Il existe deux voies de transfert : les émissions gazeuses de composés organiques volatils (Chiriac et al., 2007) et la lixiviation. Le lixiviat est généré par l'infiltration et la circulation d'eau à travers les amoncellements de déchets, entraînant la mise en solution de nombreux composés. Les polluants recensés dans le lixiviat d'ordures ménagères sont souvent regroupés dans les catégories suivantes (Christensen et al., 2001) : (i) les composés majeurs inorganiques (tels que Ca^{2+} ou Fe^{3+}), (ii) les ETM (tels que Cd^{2+}, Cu^{2+}, Zn^{2+}), et (iii) les composés organiques xénobiotiques (tels que benzène, toluène ou pesticides). Des travaux ont également démontré le caractère mutagène de lixiviat de déchets (Beg et Al-Muzaini, 1998). Les caractéristiques du lixiviat sont influencées par la maturité et la composition des déchets, le climat, les caractéristiques hydrogéologiques du site et la technologie employée lors du traitement des ordures ménagères (Kjeldsen et al., 2002). Les concentrations mesurées dans le lixiviat montrent donc des variations spatiales et temporelles conséquentes (Kjeldsen et al., 1995 ; Tränkler et al., 2005 ; Kulikowska et al., 2008) en fonction notamment de l'hétérogénéité des déchets et des régimes de pluviométrie. Øygard et al. (2009) ont observé un déclin rapide des concentrations en polluants après la réduction des quantités de déchets stockés. Kjeldsen (2002) rapporte que la mobilisation des ETM intervient surtout pendant les phases de maturation précoces, caractérisées par une acidité et une forte minéralisation du lixiviat. La maturation des déchets et l'augmentation du pH au cours du temps se traduit par une rétention accrue des ETM par des phénomènes d'adsorption et de complexation dans les couches de déchets. Des variations de la solubilité des ETM se traduisent par des taux de mobilisation différents. Ainsi le Pb a été déterminé comme étant peu soluble et reste adsorbé aux déchets alors que le Ni est très soluble et est donc remobilisé plus facilement (Lo et al., 2009). La calcite est l'élément essentiel contrôlant le pouvoir tampon de l'amoncellement de déchets et des modélisations ont permis d'estimer que l'alcalinité dans les déchets est suffisamment élevée pour contrer l'acidification liée à la dégradation des matières organiques et des sulfures et permettre ainsi la rétention des polluants. Les auteurs indiquent cependant qu'une remobilisation des ETM due à une baisse du pH n'est pas exclue à l'échelle du millier d'années (Bozkurt et al., 2000).

3. Comportement des contaminants dans le lixiviat

La mobilité des contaminants dans le lixiviat peut être caractérisée par des techniques de séparation (Li et al., 2009). La phase dissoute (Ø < 1nm), mais également les phases colloïdales (1 nm < Ø < 0,2 mm) et particulaires (0,2 mm < Ø) sont impliquées dans ces transferts d'éléments. Il est à noter que les limites granulométriques entre les différentes phases sont très variables dans la littérature. Les techniques de séparation colloïdale permettent de mieux définir ces phases de transfert et leur implication dans la migration des polluants dans les environnements aquatiques (Lyven et al., 2003 ; Øygard et al., 2007). Deux principaux groupes de colloïdes ont été identifiés par des techniques d'ultrafiltration couplées à la spectrométrie de masse ; il s'agit des colloïdes fins riches en carbone et des colloïdes larges riches en fer. Dupré et al. (1999) et Lyven et al. (2003) ont observé que les différents ETM n'étaient pas transportés identiquement en solution. Ainsi un élément comme le Cu a été observé comme étant principalement associé aux colloïdes les plus fins riches en C alors que le Pb et l'As étaient davantage liés aux colloïdes plus larges riches en Fe. Christensen et al. (1999) ont observé que le carbone organique dissous a la capacité de former des complexes avec Zn et Cd. D'autre part, des modélisations de spéciation chimique suggèrent qu'une redistribution des ETM entre les différentes phases ait lieu lorsque le pH est modifié se traduisant par une affinité croissante des ETM à se complexer aux colloïdes larges lorsque le pH augmente (Lyven et al., 2003). Le lixiviat est donc une matrice très réactive dans laquelle les contaminants sont véhiculés dans des fractions de tailles et de compositions variables. Il existe diverses formes de traitement des eaux contaminées par les déchets : l'ozonation, la coagulation, la floculation, le lagunage aérobie ou anaérobie (Urbanc-Berčič et al., 1997 ; Khattabi et al., 2002 ; Frascari et al., 2004 ; Silva et al., 2004). Le choix de la technique d'épuration dépend du niveau de développement et de la richesse ainsi que de la localisation – urbaine ou rurale – et de la taille du site.

4. Les sédiments de lagunage : témoins de l'épuration

Les boues d'épuration des eaux urbaines ont été largement étudiées, notamment pour l'évaluation de leur potentielle valorisation agronomique (Alonso et al., 2009 ; He et al., 2009). La présence des ETM dans les boues d'épuration est une préoccupation actuelle. En effet, l'accroissement des quantités produites et leur concentration en éléments toxiques représentent un risque environnemental majeur et nécessitent une attention particulière. Peu d'études sont réalisées sur les sédiments de lagunage des lixiviats de déchets. Une étude de la spéciation des ETM dans ces sédiments par des techniques d'extraction séquentielle montre que le Cu et le Zn sont principalement liés aux oxydes de Fe et de Mn (environ 65%) (Øygard et al., 2008). Ces auteurs ont également montré que le Zn est présent dans la phase carbonatée et que le Cu a une affinité particulière pour la matière organique. Enfin, Silva-Filho et al. (2006) ont étudié l'évolution des concentrations en ETM en fonction de la profondeur dans les sédiments de lagune et ont constaté un enrichissement en ETM sur les couches supérieures du sédiment. Une hausse qu'ils ont attribuée au développement socio-économique de la région et à l'augmentation de production de déchets.

II. Présentation du site

Située à une quinzaine de kilomètre au Nord-Est de Belfort dans le département du Territoire de Belfort, la décharge d'Etueffont (47°43'18"N ; 6°56'59"E) (Fig. 1) est gérée par le syndicat intercommunal de collecte et de traitement des ordures ménagères (SICTOM) de la zone sous-vosgienne. Au sud du massif des Vosges, le site est à une altitude moyenne de 475 mètres et le climat est de type continental très humide avec en moyenne 1400 mm de précipitations et 120 jours de gel par an. Le substrat est composé de schistes d'âge Dévono-Dinantien séparés par une faille des dépôts gréseux du Permien à l'Est (Ménillet et al., 1989).

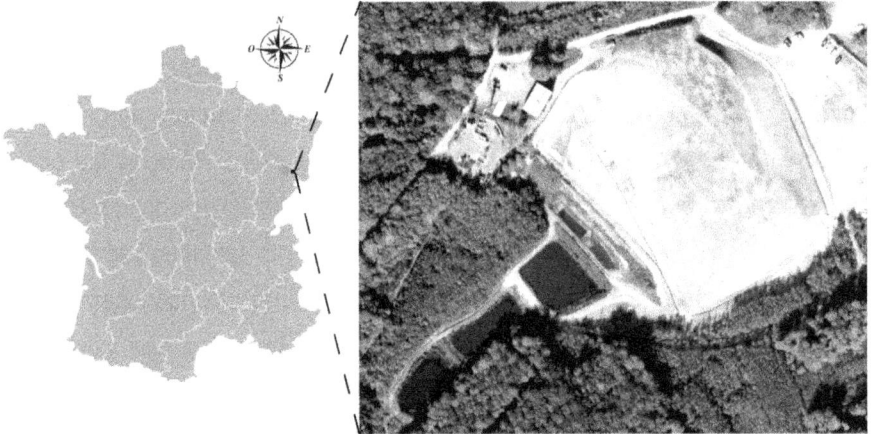

Figure 1 : Localisation et photo aérienne (image Google Earth®) du site de stockage des ordures ménagères d'Etueffont

De 1976 à 2002, ce site de classe II[*] a reçu les déchets d'environ 45000 habitants provenant de 66 communes. De 1976 à 1999, les déchets étaient déposés directement sur le sol dans la zone de l'ancienne décharge. Un casier étanche indépendant a ensuite été construit pour répondre aux normes et a recueilli les déchets jusqu'en 2002. La perméabilité des schistes d'Etueffont a été estimée à des valeurs comprises entre 10^{-6} et 10^{-9} m.s^{-1} et la

---

[*] Les sites de classe I reçoivent les déchets dangereux stabilisés ou devenus inertes, les sites de classe II reçoivent les déchets municipaux et assimilés et les sites de classe III reçoivent les ordures ménagères et les déchets industriels banals, à savoir des déchets non dangereux et inertes.

géomembrane en PEHD du casier étanche a une valeur de perméabilité certifiée de 10^{-9} m.s^{-1}, ce qui permet de respecter la norme définie pour les sites de classe II (Belle, 2008). Les déchets sont stockés sur une surface totale d'environ 2,8 hectares et sur une épaisseur moyenne de 15 mètres. La masse totale est estimée à 200 000 tonnes (Khattabi, 2002). La loi du 13 juillet 1992 stipulant qu'à compter du 10 juillet 2002, les installations d'éliminations des déchets par stockage ne seraient autorisées à accueillir que des déchets ultimes, le centre a fermé en 2002 et doit être suivi pendant 30 ans. Suite à l'arrêt du dépôt des ordures, les zones de stockage ont été recouvertes d'une couche de terre argileuse d'environ un mètre d'épaisseur (photo 1). À l'Ouest de la décharge, se trouve une déchèterie dédiée au tri sélectif des déchets collectés depuis la fermeture de l'ISDND avant leur acheminement vers l'incinérateur de Bourogne, à une vingtaine de kilomètres. La Figure 2 montre la disposition spatiale du site.

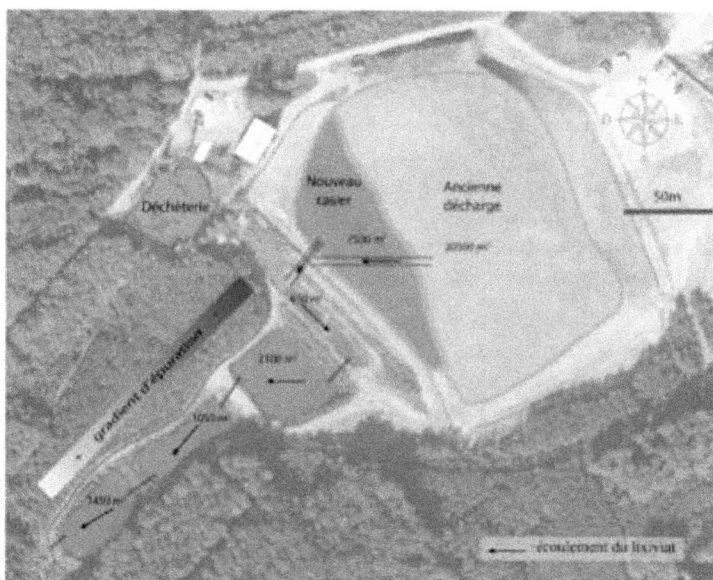

Figure 2 : schéma du site de stockage de déchets d'Etueffont

Dès le début du stockage sur le site d'Etueffont, le SICTOM avait mis en place un système qui consistait à broyer les déchets et à les déposer par couches d'un mètre d'épaisseur sans les compacter. C'est seulement après un à deux mois de maturation qu'une nouvelle couche était déposée. Ce mode de traitement des déchets a permis la dégradation des matières organiques par oxydation en conditions aérobies avant l'enfouissement des déchets et a ainsi permis de limiter fortement la production ultérieure de méthane. Cette gestion sans compactage des ordures a également engendré, jusqu'à aujourd'hui, une importante quantité de lixiviat. En 1994, un système de traitement des lixiviats par lagunage naturel a été mis en place en aval de la décharge (Photo 2). Les lixiviats de l'ancienne décharge et du nouveau casier sont collectés et déversés dans les lagunes d'épuration. Au cours du trajet de l'eau dans ces lagunes, une épuration naturelle en aérobiose a lieu, par des phénomènes aussi bien biotiques (dégradation des composés organiques par les micro-organismes), qu'abiotiques (précipitation chimique et décantation) (Aleya et al., 2007). L'épuration naturelle par lagunage est un procédé efficace facile à mettre en œuvre, d'un coût financier raisonnable et s'intégrant bien au milieu rural (Khattabi, 2002).

Photo 1 : *Zone de stockage des déchets réhabilitée et bassins d'épuration (à droite)*
Photo 2 : *Système d'épuration par lagunage naturel avec le Bassin 2, la Lagune A et la Lagune B*

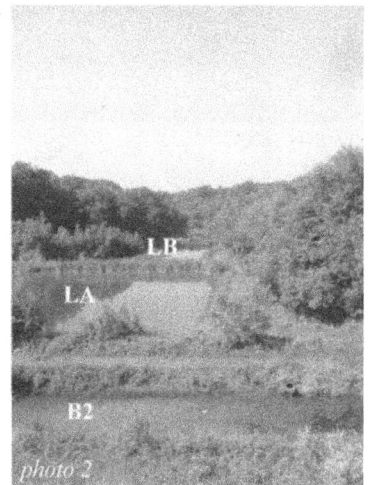

Le ruisseau du Gros Pré s'écoule sur le flanc Ouest des lagunes. Ce cours d'eau résulte de la mise à l'affleurement d'une source lors de la construction du nouveau casier. Ses eaux faiblement contaminées par les lixiviats de l'ancienne décharge sont également alimentées par les eaux pluviales ruisselant sur la plate-forme de la déchèterie (Belle, 2008). Chaque lagune est équipée d'un système d'évacuation directe vers le ruisseau prévu pour les périodes dites de « hautes eaux », afin d'éviter le débordement des lagunes. Enfin, à la sortie du système d'épuration (lagune C), les eaux de lagunage sont rejetées dans le ruisseau du Gros Pré. Belle (2008), par des méthodes de traçage chimique et des mesures géophysiques réalisées sur le site a mis en évidence que des infiltrations de lixiviat vers les eaux souterraines avait lieu sur ce site.

La première lagune, longue et étroite, a été divisée en sous-unités ou bassins par la construction de deux points de filtration (photo 1). Au cours de l'épuration, une accumulation de boue de sédimentation a lieu sur le fond des lagunes. Deux espèces de macrophytes (*Typha latifolia* et *Phragmites australis)* ont colonisé le bord des lagunes. Une étude de ces végétaux a montré leur tendance à incorporer les ETM (Contoz, 2009).

III. Matériels et méthodes

1. Échantillonnage

1.1. Prélèvement des lixiviats d'ordures ménagères

Le lixiviat a été récolté dans des flacons en PET de deux litres, préalablement lavés avec de l'acide nitrique 1N et rincés à l'eau ultrapure. Deux campagnes de prélèvement des lixiviats ont été organisées sur le site d'Etueffont, notamment pour observer si des conditions environnementales différentes comme la température ou les précipitations influaient sur les flux d'éléments chimiques.

La première collecte d'échantillons a été effectuée le 25 mai 2009 alors qu'aucune pluie n'avait eu lieu depuis plusieurs semaines. À ce moment, le débit du lixiviat était quasiment nul à l'entrée du système d'épuration et était nul à la sortie (Photo 3). Quatre échantillons ont été prélevés à cette occasion. L'objectif était alors d'étudier les flux d'éléments chimiques dans les phases dissoutes (< 0,45 µm) et particulaires (> 0,45 µm) aux entrées du bassin 1 et de chaque lagune. Une quantité plus importante de lixiviat a été prélevée au point B1 afin de réaliser également l'ultrafiltration de cet échantillon. La deuxième journée de prélèvement s'est déroulée le 23 février 2010. Il y avait alors un débit très important généré par la fonte des neiges (Photo 4). Le but de cette deuxième campagne de prélèvement était d'analyser les phases dissoutes et particulaires dans onze échantillons prélevés d'amont en aval du système d'épuration. La Figure 3 présente la nomenclature adoptée ainsi que la localisation des prélèvements.

1.2. Prélèvement des sédiments de lagunage

Nous avons procédé à l'échantillonnage des sédiments de lagunage au moyen d'une benne Eckmann (Photo 5 et 6) le 28 avril 2009. Une vingtaine de prélèvements ont été réalisés d'amont en aval du système de lagunage (Fig. 3). Des difficultés ont été rencontrées du fait que la benne à sédiment arrachait parfois des morceaux d'argile de colmatage, disposés sur le fond des lagunes pour les imperméabiliser, entraînant la perte d'échantillons. De plus, le mode de prélèvement assez grossier et la présence de morceaux de plastiques et de branches ont provoqué la répétition des opérations. L'objectif de cet échantillonnage a été de tenir compte du transfert dynamique des polluants de l'émissaire vers le point de rejet dans le système naturel. Ainsi nous avons prélevé les sédiments le long d'un transect allant du point d'arrivée d'eau vers le point de sortie (Fig. 3). Quatre échantillons ont été prélevés dans le bassin 1, trop restreint pour effectuer un transect. Dans le bassin 2, cinq prélèvements ont été effectués en progressant de l'amont vers l'aval. Un transect a été réalisé dans le bassin 3, cependant plusieurs échantillons ont été contaminés par les argiles de colmatage et un seul a pu être conservé pour les analyses. Dans chaque lagune, nous avons prélevé quatre échantillons en allant de l'arrivée d'eau vers la sortie. Dans la lagune B, plus profonde, il nous a été difficile d'effectuer un transect rectiligne et le 3ème point de prélèvement (LB3) a été prélevé à proximité du bord de la lagune. De retour au laboratoire, les échantillons étaient, dans un premier temps, stockés à 4°C puis séchés à 40°C dans une étuve.

Photo 5 : *Prélèvement des boues de lagunage à l'aide de la benne à sédiment*

Photo 6 : *Échantillon de boue de lagunage prélevé dans le bassin 1*

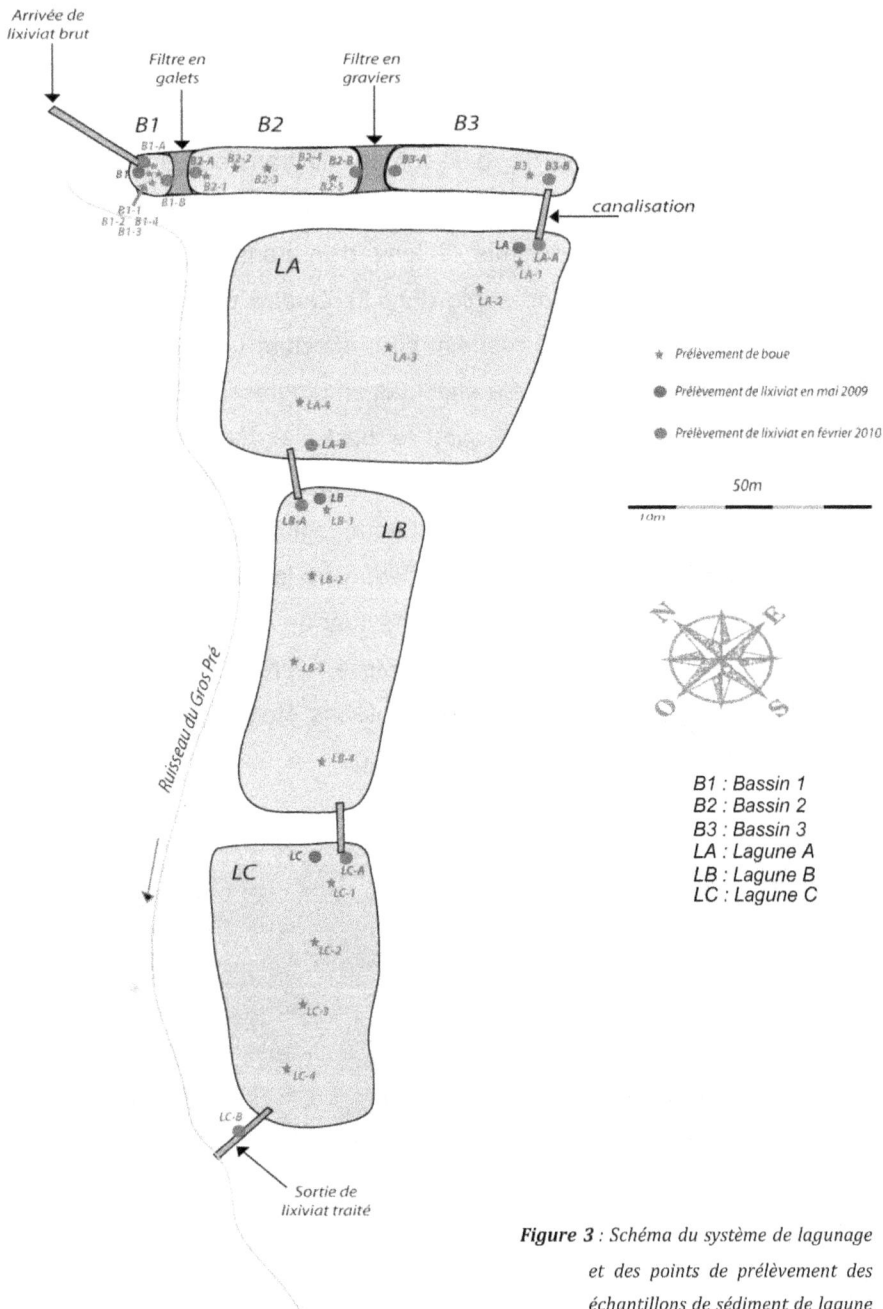

Arrivée de
lixiviat brut

Filtre en
galets

Filtre en
graviers

B1   B2   B3

B1-A

B2-A   B2-2   B2-4   B2-B

B1   B2-1   B2-3   B2-5   B3-A

B1-1   B1-B

B1-2   B1-4

B1-3

canalisation

LA

LA

LA-A

LA-1

LA-2

LA-3

LA-4

LA-B

LB

LB-A   LB-1

LB

LB-2

LB-3

LB-4

★ Prélèvement de boue

● Prélèvement de lixiviat en mai 2009

● Prélèvement de lixiviat en février 2010

50m

10m

Ruisseau du Gros Pré

LC   LC

LC-A

LC

LC-1

LC-2

LC-3

LC-4

LC-B

Sortie de
lixiviat traité

B1 : Bassin 1
B2 : Bassin 2
B3 : Bassin 3
LA : Lagune A
LB : Lagune B
LC : Lagune C

Figure 3 : Schéma du système de lagunage
et des points de prélèvement des
échantillons de sédiment de lagune
et de lixiviat.

14

2. Analyse du lixiviat d'ordures ménagères.

Lors des prélèvements, des mesures du pH, de la température, de la conductivité électrique et du potentiel d'oxydo-réduction ont été réalisées au moyen d'un appareil de mesure WTW 340i®.

2.1. Filtration à 0,45 μm

Dès le retour au laboratoire, les échantillons ont été filtrés à 0,45 μm à l'aide d'une unité de filtration équipée de filtres en acétate de cellulose (filtre Whatman® en mai 2009 et filtre Sartorius® en février 2010). Après avoir été confrontés à des problèmes de contamination au cours de la première campagne d'échantillonnage, nous avons choisi d'utiliser des filtres d'une marque différente pour la deuxième campagne.

Cette première étape a permis de déterminer la concentration de particules dans les échantillons (Équation 1).

$$\text{Équation 1:} \quad [\text{part.}] = \frac{(P1-P0)}{V}$$

avec [part.] : concentration en particules dans le lixiviat en mg/L, P1 : poids du filtre sec après la filtration en mg, P0 : poids du filtre sec avant la filtration en mg et V : volume filtré en L.

2.2. Ultrafiltration sur membranes poreuses

Pour l'échantillon B1 de mai 2009, la fraction filtrée < 0,45 μm a ensuite subi un fractionnement plus détaillé par une technique d'ultrafiltration. Cette technique consiste à filtrer le lixiviat sur des membranes poreuses en nitrocellulose (Pellicon Xl50, Millipore®). La manipulation a été réalisée à l'aide d'un appareil d'ultrafiltration Pellicon Labscale XL Millipore® équipé de membranes avec des pores laissant passer les composés de poids inférieurs à 1000 kDa (≈50 nm) ou 5 kDa (≈2,5 nm). Cette technique permet de concentrer les colloïdes dans un volume précis de rétentat (Fig. 4). Le calcul des concentrations est basé sur l'hypothèse que seuls les colloïdes d'une taille supérieure aux pores des membranes sont concentrés dans le rétentat et que la matrice est composée des espèces de tailles inférieures aux pores avec des concentrations inchangées (Dahlquist et al., 2007). Cependant, des études antérieures suggèrent que les espèces perméables soient affectées par l'ultrafiltration (Viers et al., 2007 ; Dahlquist et al., 2004). La méthode de calcul des concentrations dans les fractions colloïdales (Equation 2) utilise les concentrations mesurées dans les fractions de perméat et de rétentat.

$$\underline{\text{Équation 2:}} \quad [X]_{coll.} = \frac{([X]_{rét.} - [X]_{per.})}{f.\,c.}$$

$$\%(rec) = \frac{([X]_{rét.} \times V_{rét.} + [X]_{per.} \times V_{per.})}{([X]_{tot.} * V_{tot.}) \times 100}$$

Avec $[X]_{coll.}$: concentration de l'élément lié à la phase colloïdale, $[X]_{rét.}$ Et $V_{ret.}$: concentration et volume dans le rétentat, $[X]_{per.}$ et $V_{per.}$: concentration et volume dans le perméat, $[X]_{tot.}$ et $V_{tot.}$: concentration et volume dans l'échantillon avant la filtration, f. c. : facteur de concentration, %(rec) : pourcentage de recouvrement.

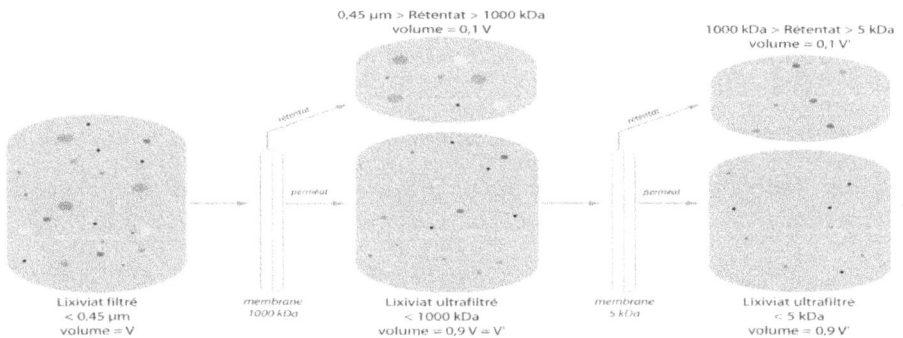

Figure 4 : Schéma illustrant le principe de l'ultrafiltration sur membranes

Pour cette expérience, le facteur de concentration est de 10. Afin d'obtenir un volume suffisant pour l'analyse de chaque fraction, 2,5 litres de lixiviat filtré à 0,45 µm ont subi l'ultrafiltration.

2.3. Analyse de la fraction < 0,45 µm.

Après la filtration, la concentration en ions hydrogénocarbonates dans le filtrat a été dosée en priorité au moyen d'un titrage pH-métrique à l'acide sulfurique. Une aliquote du filtrat a été conservée pour la détermination des concentrations en anions (Cl^-, NO_3^-, SO_4^{2-}) par chromatographie ionique Dionex®. Deux aliquotes du filtrat ont été acidifiées (HNO_3 ; $1 < pH < 2$). Les analyses des cations en spectrométrie d'absorption atomique (FAAS) ont été réalisées sur la première aliquote. Les teneurs en éléments majeurs et en éléments traces ont été mesurées sur la deuxième aliquote par des méthodes de spectrométrie d'émission atomique à plasma (ICP-AES) et de spectrométrie de masse à plasma (ICP-MS). Les concentrations en carbone organique total (COT) ont été mesurées au moyen d'un analyseur de COT Shimadzu® 5000A sur une troisième aliquote acidifiée (HCl ; $2 < pH < 3$).

2.4. Analyse de la fraction > 0,45µm

Afin de connaître les flux d'éléments véhiculés par la phase particulaire, les filtres ont été chauffés à l'étuve jusqu'à 200 °C afin qu'ils se transforment en cendres puis le résidu a été minéralisé avec des acides concentrés (HNO_3-HF) (Steinmann et Stille, 2008). Les concentrations en éléments majeurs ont ensuite été mesurées en ICP-AES et les éléments traces en ICP-MS.

Les analyses des différentes phases effectuées pour les cations et les anions ont été effectuées au laboratoire ChronoEnvironnement à l'Université de Besançon, le COT a été dosé au laboratoire Biogéosciences à Dijon et le laboratoire LHyGeS à Strasbourg a réalisé les analyses en ICP-AES et ICP-MS. Les corrélations ont été déterminées au moyen d'un test paramétrique de Pearson (pour les échantillons de 2009, N=4 ; pour les échantillons de 2010, N=11).

3. Analyses des boues de lagunage

Après avoir été séchés dans une étuve à 40 °C jusqu'à ce que leur poids soit constant, les échantillons ont été stockés dans des sacs en plastiques hermétiques, dans l'obscurité et à une température d'environ 20 °C. L'échantillon a été tamisé à l'aide d'un tamis à mailles métalliques de 2 mm. Une partie de la fraction inférieure à 2 mm était ensuite broyée finement dans un broyeur automatique muni d'un bol en agate et conservée dans des piluliers en verre. Toutes les manipulations, hormis les mesures granulométriques ont été réalisées au laboratoire Biogéosciences (Université de Bourgogne, Dijon).

3.1. Caractérisation générale des boues de lagunage

La couleur des échantillons a été déterminée d'après le code Munsell®.

Le pourcentage de siccité des boues a été défini pour chaque échantillon en pesant un sous-échantillon représentatif avant et après séchage à l'étuve à 105 °C (Équation 3). Ce paramètre exprime le pourcentage de matières sèches contenues dans l'échantillon prélevé.

$$\text{Équation 3}: \text{Pourcentage de siccité} = \left[\frac{(\text{Poids de sédiment sec})}{(\text{Poids initial de sédiment})}\right] \times 100$$

La densité apparente (Da) a été calculée en pesant un volume précis de la fraction inférieure à 2 mm de l'échantillon sec.

Le pH des boues a été déterminé sur la fraction inférieure à 2 mm de l'échantillon sec au moyen d'un pH-mètre (WTW® isolabo pH 720) dans un mélange sédiment : eau de 2:5 (4 g de boue dans 10 ml d'eau ultrapure). Le mélange a été agité pendant 30 mn et laissé à décanter 1 mn avant la mesure du pH. Les corrélations ont été déterminées au moyen d'un test paramétrique de Pearson (pour les échantillons de sédiments, N=19).

3.2. Mesures granulométriques

La granulométrie des échantillons de boues de sédimentation a été mesurée au moyen d'un granulomètre laser Mastersizer 2000 Malvern Instrument® au laboratoire de caractérisation des matériaux de l'Esirem à Dijon. Les analyses ont été réalisées en voie liquide dans une gamme de mesure permettant de caractériser des particules de tailles comprises entre

0,02 µm et 2000 µm. Une sonde à ultrason a été utilisée pendant l'analyse afin de séparer les particules élémentaires. L'analyse des premiers échantillons nous a montré que cette technique génère un artefact par la création de bulles de tailles comprises entre 200 µm et 2000 µm. Ainsi la distribution des particules dans cette gamme n'est pas interprétable. La source de lumière était un laser d'une puissance de 2 mW (He–Ne laser, λ = 632,8 nm), la pompe était réglée à une vitesse de 2400 tr/mn. La puissance de la sonde ultrasonique correspond au déplacement de la pointe de la sonde en µm. Lors de l'analyse, la puissance correspondait à un déplacement de 20 µm.

La granulométrie laser est une technique basée sur la diffraction de la lumière. D'après la théorie de Fraunhofer, l'intensité du rayonnement diffracté et l'angle de diffraction sont fonction de la taille des particules. Plus une particule est petite et plus l'angle de diffraction est grand.

3.3. Analyse de la fraction minérale

Observation au MEB.

Six échantillons (un pour chaque bassin de lagunage) ont été préparés pour l'observation au microscope électronique à balayage (MEB). Cinq grammes de boue de lagunage tamisée à 2 mm ont été attaqués dans des béchers de 500 ml avec de l'hypochlorite de sodium Normapur concentré à environ 6% de chlore actif pendant une nuit à froid puis pendant 24 heures à 80 °C. Après quoi le surnageant a été jeté et plusieurs lavages par centrifugation (15 mn à 6500 tr/mn) ont été réalisés jusqu'à ce que le pH redescende à une valeur de pH similaire au pH de l'eau ultrapure. Le résidu était ensuite séché à l'étuve à 50 °C. Cette étape avait pour but d'éliminer par oxydation la matière organique présente dans nos échantillons et de rendre l'observation plus aisée. L'observation a ensuite été effectuée au moyen d'un microscope Hitachi TM 1000® équipé d'un détecteur d'électrons rétrodiffusés (BED) et permettant un grossissement allant de x20 à x10000. Les images de microscopie montre la morphologie de surface des échantillons en contraste du fait des différences de nombre atomique à l'intérieur de l'échantillon.

Diffraction des rayons X

Les 22 échantillons ont été analysés sur poudre totale par diffraction des rayons X. Cette technique permet d'identifier les espèces cristallisées à partir des propriétés de diffraction spécifiques à leur réseau cristallin. L'identification repose sur la loi de Bragg (Équation 4) qui traduit le fait qu'un faisceau de rayons X est diffracté par un réseau de plans cristallins d'après la relation suivante:

$$\underline{\text{Équation 4}}: \ 2 \times d \times \sin\theta = n \times \lambda$$

avec d = espacement entre deux plans parallèles successifs du réseau cristallin ; n = ordre de diffraction ; λ = longueur d'onde de la source ; θ = angle entre le faisceau incident et le réseau de plan ou demi-angle de diffraction.

L'analyse par diffraction des rayons X permet d'estimer des rapports d'abondance entre les différentes espèces cristallisées et de comparer l'évolution de ces rapports entre les échantillons.

Ces analyses ont été réalisées avec un diffractomètre Bruker Endeavor D4$^{®}$ équipé d'une anticathode au cuivre émettant la radiation monochromatique Kα1 d'une longueur d'onde associée de 1,541 Å, dans un domaine angulaire 2θ compris entre 2,5° et 60°.

Manocalcimétrie

La teneur en carbonate de calcium ($CaCO_3$) des échantillons a été déterminée au moyen d'un calcimètre de Bernard étalonné à partir de $CaCO_3$ pur. Les concentrations ont été calculées d'après l'équation 5:

$$\underline{\text{Équation 5}}: \ \%_0 \, CaCO_3 = 1000 \times \frac{(P_{\text{ét.}} * V_{\text{éch.}})}{(P_{\text{éch.}} \times V_{\text{ét.}})}$$

avec $P_{\text{ét.}}$ = poids de l'étalon de $CaCO_3$ pur en g ; $P_{\text{éch.}}$ = poids de l'échantillon de $CaCO_3$ pur en g ; $V_{\text{ét.}}$ = volume (en mL) déplacé par l'attaque de l'étalon de CaCO$_3$ pur avec HCl ; V$_{éch.}$ = volume (en mL) déplacé par l'attaque de l'échantillon avec HCl.

Chaque échantillon a été analysé au minimum deux fois. Une troisième mesure était réalisée lorsque la reproductibilité des deux premières n'était pas satisfaisante.

3.4. Analyse de la fraction organique

La fraction organique des échantillons a été analysée par deux méthodes, la méthode de combustion sèche et la méthode de la perte au feu (Juste et al., 1978). Ces analyses ont été effectuées afin d'observer l'évolution de la fraction organique au cours du processus d'épuration. La méthode de combustion sèche permet de déterminer les concentrations de carbone et d'azote alors que la deuxième méthode a pour but de séparer les matières organiques volatiles des matières organiques réfractaires. Ces deux techniques fournissent ainsi des informations complémentaires pour la caractérisation de la fraction organique.

Méthode de combustion sèche.

La méthode de combustion sèche est réalisée sur des échantillons préalablement décarbonatés. Cette étape de décarbonatation a pour but d'éliminer le carbone inorganique. Pour cela, 1 g d'échantillon tamisé à 2 mm est mis dans un bécher au contact de 20 ml d'HCl 2N pendant deux heures sur une table d'agitation. Après quoi 120 ml d'eau ultrapure sont ajoutés et la solution est laissée à décanter pendant une nuit. Une aliquote du surnageant est conservée afin de doser la concentration en carbone organique qui a été solubilisé au moyen d'un analyseur de carbone organique total Shimadzu® 5000A. Le reste de l'échantillon est lavé par centrifugation (15 mn à 6500 tr/mn) 4 à 5 fois jusqu'à l'obtention d'un pH identique à celui de l'eau ultrapure. Le résidu est séché à l'étuve à 50 °C puis finement broyé. Enfin, 15 µg de cette préparation sont introduits dans une capsule en étain pour être analysés.

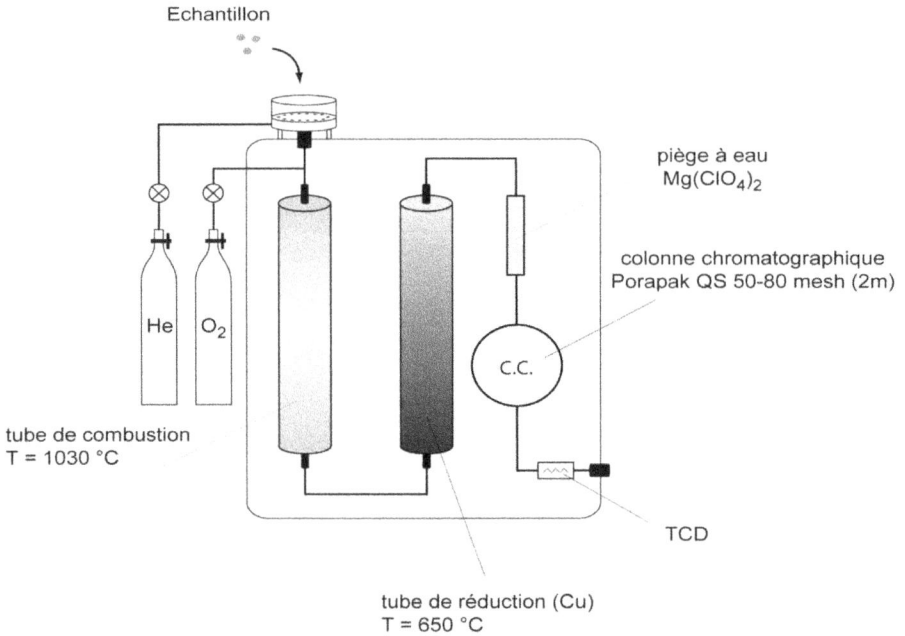

Echantillon

piège à eau
Mg(ClO₄)₂

colonne chromatographique
Porapak QS 50-80 mesh (2m)

He | **O₂**

C.C.

tube de combustion
T = 1030 °C

TCD

tube de réduction (Cu)
T = 650 °C

Figure 5 : Schéma de l'analyseur de C et N par combustion sèche

Les mesures sont effectuées à l'aide d'un analyseur Carlo Erba® CNS 1500 au laboratoire Biogéosciences (Fig. 5). Le standard utilisé est le sulphanilamide (formule chimique : $C_6H_8N_2O_2S$; 41,84% de C et 16,27% de N). Cette méthode permet de déterminer les concentrations de carbone organique et d'azote total. L'analyse est basée sur l'oxydation complète et instantanée de l'échantillon sous atmosphère enrichie en O_2. Les gaz de combustion générés passent à travers un tube de combustion puis un tube de réduction et sont balayés vers une colonne chromatographique par le gaz vecteur (He). Après avoir été séparés dans la colonne, les gaz sont détectés par un détecteur à conductivité thermique (TCD) qui émet un signal proportionnel à la concentration des gaz analysés (N_2 et CO_2).

Le pourcentage de carbone organique total contenu dans l'échantillon est obtenu en sommant les pourcentages de carbone solubilisé lors de la décarbonatation et de carbone mesuré avec l'analyseur Carlo Erba®.

Perte au feu

La méthode de perte au feu consiste dans un premier temps à mesurer le pourcentage de perte de poids de l'échantillon après qu'il ait été chauffé à 550 °C pendant 16 heures. Cette première étape est effectuée afin d'évaluer le taux de matière organique volatile. Le résidu est ensuite porté à 1000 °C pendant 16 heures afin d'éliminer les matières organiques les plus réfractaires.

$$\text{Équation 6: } M.O.V. = 100 \times \frac{(P_0 - P_1)}{P_0}$$

$$\text{Équation 7: } M.O.R. = 100 \times \frac{(P_1 - P_2)}{P_1}$$

$$\text{Équation 8: } M.M. = 100 \times (1 - M.O.V. - M.O.R.)$$

avec M.OV. = matières organiques volatiles (en %), M.O.R. = matières organiques réfractaires (en %), M.M. = matières minérales (en %), P_0 = Poids de l'échantillon sec avant la perte au feu, P_1 = poids de l'échantillon après la perte au feu à 550 °C, P_2 = poids de l'échantillon après la perte au feu à 1000 °C.

3.5. Concentrations totales en cuivre et en zinc des boues de sédimentation

Les teneurs en cuivre et en zinc ont été déterminées après l'attaque acide (HNO_3-HF-$HClO_4$) des échantillons. Environ 0,2 g d'échantillon sec et broyé est attaqué à froid pendant 48 heures par 2,5 ml d'HNO_3 et 2,5 ml d'HF concentrés respectivement à 65% et 40%. L'échantillon est ensuite chauffé dans un flacon hermétique en téflon PFA pendant 24 heures à 90 °C. Le résidu séché est repris avec de l'eau ultrapure et du $HClO_4$ concentré à 35%. L'échantillon sec est encore repris avec 5 ml d'HNO_3 1N. Après évaporation, il est finalement repris avec 20 ml d'HNO_3 1N. Cette étape de minéralisation permet de dissoudre les sédiments de lagune pour ensuite mesurer les concentrations en ETM en spectrométrie d'absorption atomique par flamme (AAS PerkinElmer® 3300) (Fig. 6).

Cette technique d'analyse repose sur le fait que tout corps chimique élémentaire est capable d'absorber les photons qu'il émet lui-même dans certaines conditions. Par exemple, lorsqu'un atome de Cu passe d'un état excité (à un niveau d'énergie élevé) à son état fondamental (à un niveau d'énergie normal), il libère son surplus d'énergie sous forme de photons possédant une longueur d'onde λ spécifique à l'élément chimique Cu. Si ensuite ces photons rencontrent des atomes de Cu dans leur état fondamental, ils vont leur céder leur énergie pour les faire passer à leur état excité. Les photons sont alors absorbés par les atomes de Cu. Dans cette expérience, les photons d'une longueur d'onde caractéristique de l'élément à doser sont émis par la source du spectrophotomètre d'absorption atomique, une lampe à cathode creuse. L'échantillon analysé est nébulisé dans la flamme traversée par le faisceau de photons. Les photons sont absorbés par le Cu présent dans l'échantillon et l'absorbance mesurée par le spectrophotomètre est convertie selon la loi de Beer-Lambert en concentration de Cu dans l'échantillon.

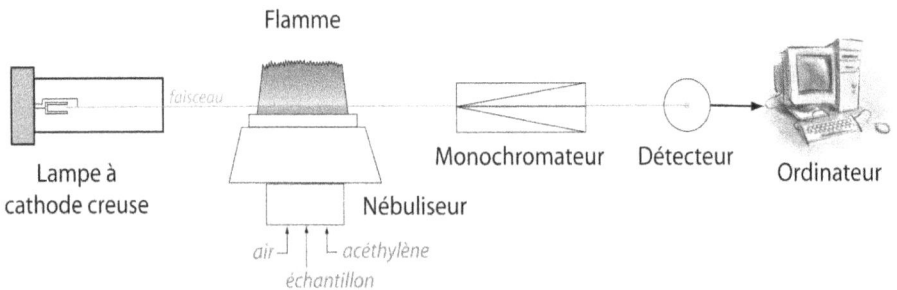

Figure 6 : Principe du spectrophotomètre d'absorption atomique par flamme

IV. Résultats

1. Résultats des analyses du lixiviat

1.1. Température, pH, conductivité électrique et potentiel d'oxydoréduction

Les résultats des analyses effectuées sur le lixiviat sont regroupés dans les tableaux A et B. Pour les prélèvements du 25 mai 2009, la température

24

augmente de 17,1 °C à 24,7 °C   (Fig. 7) entre l'entrée du lixiviat dans le premier bassin et la lagune A. Une baisse d'environ 1,5 °C a ensuite été enregistrée dans les lagunes B et C.

Paramètres	B1		LA		LB		LC	
T° (°C)	17,1		24,7		23,2		23,4	
pH	7,11		7,71		7,68		7,65	
C.E. (µS.cm)	1830		1189		1085		961	
Eh (mV)	-		-		-		-	
COT	30,6		19,9		16		13,7	
particules	18,2		5,2		3,7		2,6	
HCO$_3^-$	852		-		-		-	
Cl$^-$	101,4		46,9		35,9		28,7	
NO$_3^-$	6,2		2,5		8,8		1,3	
SO$_4^{2-}$	100		274		270		258	
phase	<0,45µm	>0,45µm	<0,45µm	>0,45µm	<0,45µm	>0,45µm	<0,45µm	>0,45µm
mg/L Ca	147	0,94	94,9	0,35	111	0,39	90,2	0,24
K	63,7	0,08	44,2	0,10	40,7	0,07	30,0	0,07
Mg	27,7	0,05	16,2	0,04	17,3	0,03	13,7	0,03
Na	123	0,11	71,1	0,12	68,2	0,08	49,8	0,06
Si	8,44	0,004	4,25	-	3,07	-	2,17	-
Fe	0,071	5,55	0,062	0,36	0,008	0,11	0,007	0,28
Al	0,075	0,010	0,036	0,010	0,039	0,009	0,040	0,092
Mn	2,48	0,05	1,79	0,03	1,7	0,03	0,6	0,11
As	7,11	12,4	3,44	0,6	2,41	0,2	1,91	0,4
Cu	2,5	0,78	2,0	0,25	2,3	0,30	2,1	0,42
µg/L Zn	9,5	3,90	8,9	1,56	3,7	1,41	7,3	1,78
Pb	0,147	0,30	0,04	0,10	0,038	0,14	0,083	0,25
Cd	0,021	0,01	0,012	0	0,007	0	0,007	0

Tableau A : paramètres des lixiviats prélevés le 25 mai 2009

Une explication à cette évolution est que le premier bassin reçoit du lixiviat brut plus frais alors que les lagunes, et surtout la première qui est plus exposée, sont réchauffées par l'ensoleillement. La profondeur moyenne des lagunes est d'environ un mètre, ce qui favorise leur réchauffement. Dans le même temps, le pH augmente de 7,11 à 7,71 entre B1 et LC (Fig. 7). L'évolution de ces deux paramètres témoigne d'un changement important des conditions physico-chimiques du lixiviat.

La situation est différente pour les prélèvements du 23 février 2010 (Fig. 7) avec un pH qui varie peu entre l'entrée du premier bassin (B1) et la sortie de la lagune A (entre 7,09 et 7,36) avant d'augmenter jusqu'à 7,58 à la sortie de la dernière lagune. La température est relativement constante dans les bassins et à l'entrée de la lagune A avec des valeurs allant de 6,4 °C à 7,8 °C. Puis des valeurs comprises entre 2,6 °C et 3,8 °C sont mesurées jusqu'à la sortie de la dernière lagune. Les variations de température s'expliquent par le fait que l'eau s'écoulait rapidement dans les bassins, diminuant ainsi l'influence de la température extérieure alors que le lixiviat séjourne plus longtemps dans les lagunes dont la surface était gelée, ce qui entraîne la baisse des températures en aval du système d'épuration. Ces observations concordent avec celles de Khattabi (2002) et Belle (2008) qui ont rapporté que les premiers bassins étaient moins sensibles aux variations saisonnières de température que les lagunes qui sont plus dépendantes de la température extérieure. La gamme de variation de pH – entre 7,1 et 7,7 – est similaire pour les deux campagnes de prélèvements et suggère que la décharge soit sortie de la phase acide observée par Khattabi (2002) et ait atteint la phase méthanogénique (Kjeldsen et al., 2002). Les valeurs de pH plus faibles constatées en hiver dans les lagunes peuvent être attribuées en partie au ralentissement de l'activité photosynthétique consommatrice de protons H^+.

Les valeurs de conductivité électrique sont comprises entre 961 et 1830 $\mu S.cm^{-1}$ en mai 2009 et entre 1045 et 2060 $\mu S.cm^{-1}$ en février 2010. Ces résultats sont en désaccord avec ceux de Khattabi (2002) qui avait observé des valeurs plus faibles en hiver qu'en été. Ces résultats témoignent d'une forte minéralisation du lixiviat mais également d'une diminution importante de cette charge minérale entre l'entrée et la sortie du système d'épuration pour les deux campagnes (Fig. 8).

Paramètres	B1-A		B1-B		B2-A		B2-B		B3-A		B3-B		LA-A		LA-B		LB-A		LC-A		LC-B	
phase	<0,45 µm	>0,45 µm	<0,45 µm	>0,45 µm	<0,45 µm	>0,45 µm	<0,45 µm	>0,45 µm	<0,45 µm	>0,45 µm	<0,45 µm	>0,45 µm	<0,45 µm	>0,45 µm	<0,45 µm	>0,45 µm	<0,45 µm	>0,45 µm	<0,45 µm	>0,45 µm	<0,45 µm	>0,45 µm
T° (°C)	7,8		6,4		7,5		7,6		7,3		7,0		7,4		3,5		3,8		3,2		2,6	
pH	7,2		7,25		7,35		7,36		7,24		7,28		7,09		7,12		7,38		7,34		7,58	
C.E. (µS/cm)	2060		2030		1940		2030		1780		1710		1640		1065		1208		1076		1045	
Eh (mV)	6		28		65		104		8		-10		30		280		200		222		251	
COT	85,2		73,1		65,2		84,9		86,7		48,8		74		64,7		64,3		55,9		55,5	
particules	48,7		23,0		5,0		6,1		11,8		9,0		10,0		10,8		4,8		4,3		2,4	
HCO₃⁻	718		714		595		719		689		382		628		478		438		381		374	
Cl⁻	39,0		23,5		26,1		28,9		38,0		28,8		30,8		39,6		27,4		25,1		23,8	
NO₃⁻	22,4		21,1		41,3		27,6		23,1		20,1		25,7		20,3		19,6		17,5		14,3	
SO₄²⁻	857		820		637		747		489		269		522		300		277		209		149	
mg/L Ca	439	3,66	417	1,48	354	0,46	442	0,59	278	0,62	150	0,44	313	0,58	181	0,72	171	0,24	136	0,11	129	0,16
K	54,4	0,19	53,0	0,09	63,4	0,09	65,8	0,08	76,1	0,13	45,2	0,12	62,0	0,11	52,7	0,07	50,1	0,04	40,4	-	31,7	0,04
Mg	30,6	0,11	29,4	0,05	28,1	0,04	32,7	0,04	28,5	0,05	17,8	0,05	26,9	0,05	20,2	0,03	19,4	0,02	16,0	0,02	12,9	0,02
Na	44,1	0,08	42,5	0,03	51,1	0,03	55,3	0,04	76,3	0,04	46,1	0,04	61,5	0,04	56,1	0,03	52,1	0,03	44,5	-	37,6	0,03
Si	10,8	0,03	10,3	0,02	9,35	0,00	11,4	0,00	9,25	0,01	6,29	0,00	9,32	0,00	6,75	0,00	6,49	0,00	5,27	0,00	4,40	0,00
Fe	0,038	11,69	0,032	5,76	0,039	0,82	0,040	0,82	0,051	2,85		2,58	0,039	2,17	0,040	1,68	0,031	1,00	0,038	0,77	0,031	0,51
Al	0,13	0,40	0,10	0,24	0,08	0,24	0,12	0,13	0,07	0,39	0,05	0,40	0,08	0,30	0,06	0,16	0,06	0,09	0,05	-	0,06	0,06
Mn	1,45	0,09	1,41	0,03	1,23	0,01	1,54	0,01	2,07	0,02	2,01	0,01	1,78	0,02	1,87	0,08	1,75	0,01	1,63	0,01	1,02	0,01
µg/L As	2,06	12,68	1,95	5,73	1,96	0,98	2,76	0,98	4,03	3,48	3,27	1,98	2,59	2,08	2,43	1,54	2,12	0,88	1,58	0,69	1,07	0,40
Cu	16	13,61	13	8,17	12	3,05	13	3,33	9	2,91	-	2,48	6	2,37	7	0,98	-	0,72	-	-	12	0,50
Zn	260	130,89	330	62,32	180	12,50	150	16,13	290	11,40	30	6,71	70	12,94	50	14,38	30	3,59	20	0,06	60	1,44
Pb	0,14	2,67	0,12	1,60	0,07	0,82	0,04	0,68	0,18	0,85	0,44	0,61	0,04	0,70	0,11	0,38	0,04	0,20	0,06	0,16	0,70	0,11
Cd	0,188	0,18	0,189	0,09	0,153	0,03	0,167	0,04	0,086	0,03	0,047	0,01	0,063	0,02	0,038	0,01	0,033	0,01	0,031	0,01	0,181	0,04

Tableau B : paramètres des lixiviats prélevés le 23 février 2010

La baisse la plus importante est enregistrée entre l'entrée et la sortie de la lagune A avec une chute de 1640 à 1065 µS.cm^{-1}, ce qui suggère un fort abattement de la charge minérale dans cette lagune. Le potentiel redox (Eh) a été mesuré lors de la campagne de février 2010. Une augmentation du pouvoir oxydant a été enregistrée d'amont en aval du système d'épuration avec cependant des valeurs moins élevées dans le bassin 3 et à l'entrée de la lagune A. Ces diminutions du Eh indiquent que des réactions d'oxydation interviennent à cet endroit.

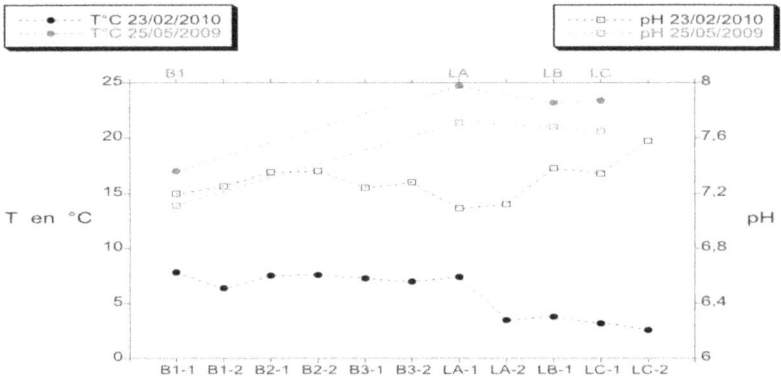

Figure 7 : *Température et pH des lixiviats*

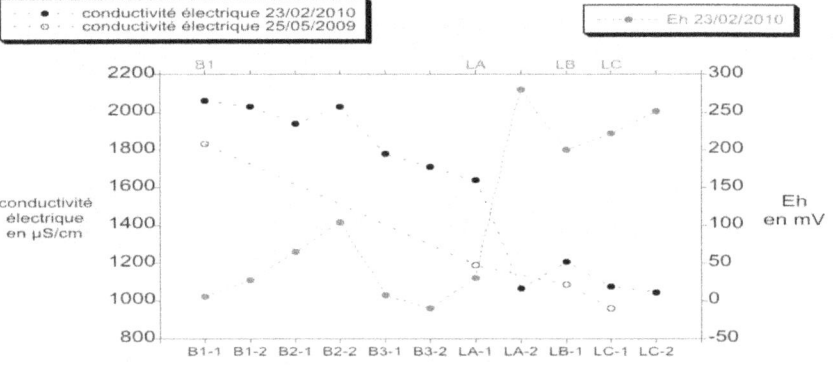

Figure 8 : *Conductivité électrique et potentiel d'oxydo-réduction (Eh) dans les lixiviats*

1.2. Charge particulaire

La charge particulaire (> 0,45 µm) mesurée en mai 2009 a montré un abattement rapide de 71% des particules entre le bassin 1 (18,2 mg/L) et la lagune A (5,2 mg/L), la concentration en particules continuant à diminuer dans les deux dernières lagunes (Fig. 9). La deuxième campagne confirme le phénomène d'abattement important de la charge particulaire dès le début du transit du lixiviat dans le système d'épuration. Une chute de près de 90% des particules a été observée entre B1-1 (48,7 mg/L) et B2-1 (5 mg/L) au mois de février 2010. Après quoi la concentration en particules augmentait dans le bassin 3 (11,8 mg/L) avant de diminuer à nouveau dans les deux dernières lagunes et d'atteindre une valeur minimale de 2,4 mg/L à la sortie du système d'épuration. L'augmentation mesurée entre les bassins 2 et 3 suggère que des phénomènes de complexation interviennent dans le système d'épuration et permettent de regrouper des colloïdes de tailles inférieures à 0,45 µm pour former des particules de tailles supérieures à 0,45 µm. Une remobilisation de particules peut également avoir lieu au niveau du filtre en graviers.

Ces résultats montrent que le système d'épuration est d'une grande efficacité pour l'abattement de la charge particulaire. Il apparaît que les filtres de galets et de graviers disposés entre les bassins jouent un rôle important dans cette évolution de la charge en particules avec un fort abattement au passage du filtre en galets placé entre B1 et B2 et une augmentation de la charge particulaire entre B2 et B3.

1.3. Carbone organique

Les concentrations en carbone organique total (COT) mesurées en mai 2009 montrent une tendance similaire aux concentrations de particules avec une diminution des concentrations de 30,6 à 13,7 mg/L d'amont en aval du système d'épuration (Fig. 9). Cette baisse est cependant moins prononcée que celle de la charge particulaire avec un abattement de 55% du COT entre l'entrée et la sortie du système d'épuration pour cette première campagne.

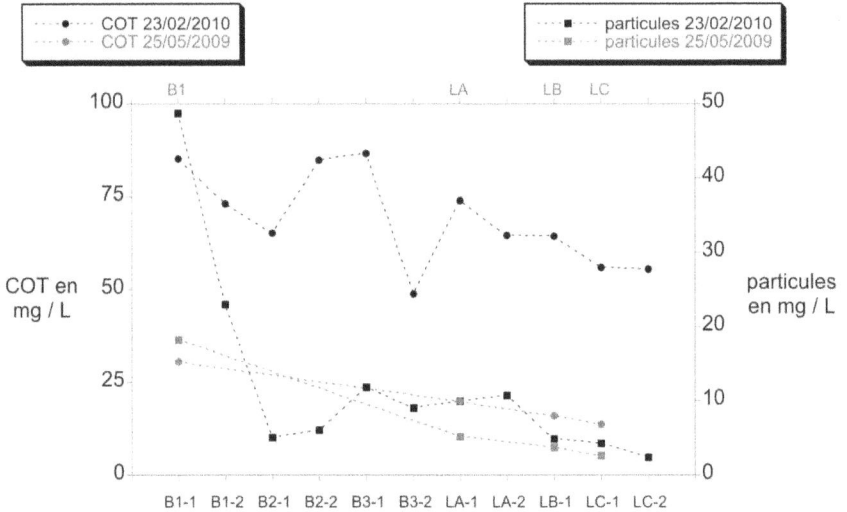

Figure 9 : Concentrations en carbone organique total et en particules dans le lixiviat

Les résultats de l'analyse du COT pour les échantillons de février 2010 révèlent des concentrations plus importantes comprises entre 48,8 et 85,2 mg/L. D'autre part, même si les concentrations chutent de 35% entre l'entrée et la sortie, d'importantes fluctuations sont observées entre les bassins. Les diminutions des teneurs en COT dans la fraction dissoute peuvent être provoquées par une floculation des matières organiques dissoutes et un transfert vers la phase particulaire et le sédiment. La détermination des concentrations en carbone organique particulaire permettrait une caractérisation plus complète de cette phase organique et des processus responsables de sa migration.

1.4. Ultrafiltration

L'ultrafiltration réalisée sur l'échantillon du premier bassin permet d'observer la répartition des espèces chimiques dans les différentes phases (Fig. 10). Le carbone organique véhiculé par la phase particulaire n'a pas été mesuré. Dans la fraction < 0,45 µm, le carbone organique (TOC) est principalement présent en phase dissoute (86,5%) et à moindre mesure dans la phase colloïdale inférieure à 1000 kDa (13,1%). Ca et Mg sont presque exclusivement dans la fraction dissoute (> 95%) alors que le Fe, à l'inverse, est véhiculé à 99% sous forme de particules. L'As et le Pb sont davantage dans la phase particulaire alors que le Cd, le Cu et le Zn sont plus répartis entre les différentes phases. Les résultats montrent que l'abondance des éléments liés à la fraction colloïdale est faible et que les ETM (Cu, Zn, As, Cd, Pb) ont des répartitions différentes entre les phases dissoutes, colloïdales et particulaires.

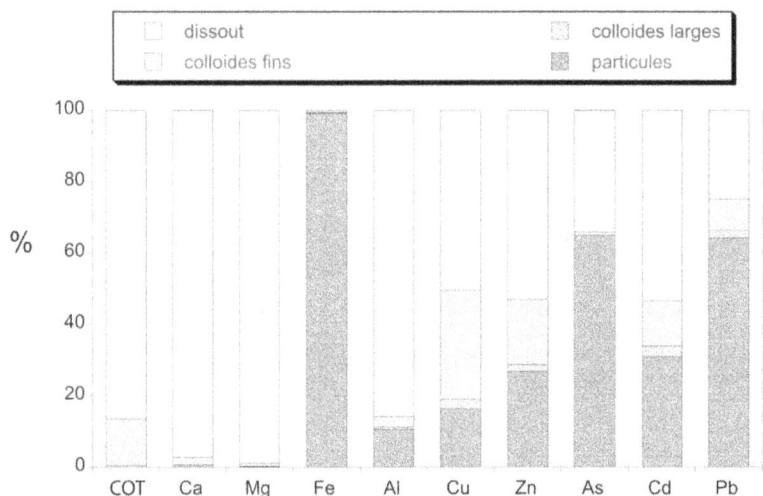

Figure 10 : *Pourcentages d'abondance des espèces chimiques dans les différentes phases. dissout <5kDa; 5kDa < colloïdes fins < 1000kDa ; 1000kDa < colloïdes larges < 0,45μm ; 0,45μm < particules*

	TOC	Ca	Mg	Al	Fe	As	Cu	Zn	Pb	Cd
% de recouvrement 1000 kDa	103,9	97,7	96,1	96,8	73,9	100,7	124,8	110,3	103,9	104,3
% de recouvrement 5 kDa	99	91,6	99,4	115	77,6	93	128,7	101,6	111,5	94,3

Tableau 1 : *pourcentages de recouvrement lors des étapes d'ultrafiltration*

Les pourcentages de recouvrement (Tab. 1) indiquent que des phénomènes de contamination ont eu lieu au moment de la manipulation pour le Cu et des phénomènes d'adsorption sur la membrane ont piégé près de 25% du Fe.

1.5. Concentrations des anions HCO_3^- et SO_4^{2-} dans la fraction < 0,45 μm

Pour la première campagne, la concentration en SO_4^{2-} est plus élevée dans les lagunes (entre 258 et 274 mg/L) que dans le premier bassin (100 mg/L) (Fig. 11). La concentration en HCO_3^- (852 mg/L) a été mesurée seulement pour le bassin 1 et révèle une forte alcalinité de l'eau.

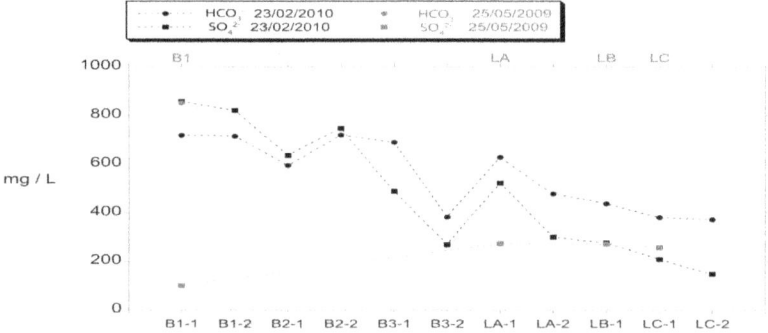

Figure 11 : Concentrations en SO_4^{2-} et en HCO_3^-

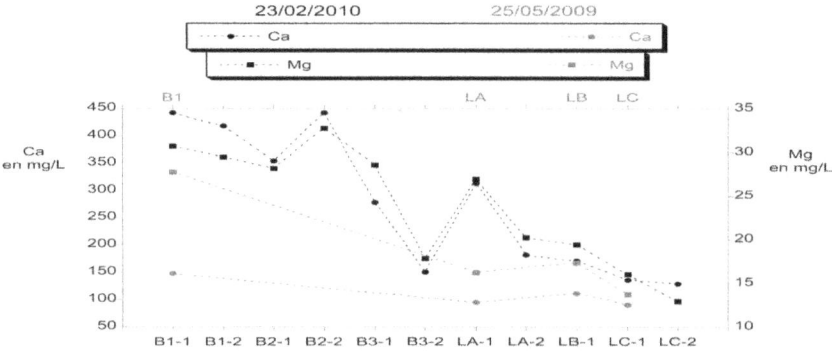

Figure 12 : Concentrations en Ca et Mg dans la fraction < 0,45μm

Les résultats pour les échantillons de février 2010 montrent des tendances à la baisse pour les concentrations en SO_4^{2-} (de 857 mg/L à 149 mg/L) et en HCO_3^- (de 718 mg/L à 374 mg/L) en allant de l'amont vers l'aval du système d'épuration. Les variations mesurées entre les échantillons pour ces deux anions sont significativement corrélées (R = 0,932 ; α = 0,01) et la concentration en SO_4^{2-} est beaucoup plus élevée (857 mg/L) dans le lixiviat non traité (B1-1) par rapport à la première campagne de prélèvements.

1.6. Concentrations en Ca et Mg dans la fraction < 0,45 µm

L'évolution des concentrations en Ca et en Mg dans la fraction < 0,45 µm est présentée dans la Figure 12. Les résultats de la première campagne de terrain montrent clairement une tendance à la baisse des teneurs en Ca et Mg d'amont en aval du système d'épuration. En revanche, si les teneurs en Ca et Mg mesurées en février 2010 diminuent entre l'entrée et la sortie du système de lagunage, l'évolution des concentrations à l'intérieur du système d'épuration montre d'importantes variations avec notamment une forte diminution pour ces deux éléments entre la sortie de B2 et la sortie de B3, suivie d'une augmentation à l'entrée de la lagune A.

Les concentrations en HCO_3^-, SO_4^{2-}, Ca et Mg présentent toutes la même évolution au cours du transect de l'amont vers l'aval et sont significativement corrélées (R > 0,93 ; α = 0,01).

1.7. Concentrations en Fe

Les concentrations en Fe dans la fraction > 0,45 µm diminuent fortement dès l'entrée du système d'épuration (Fig. 13). En effet, des taux d'abattement respectifs de 94% et 93% sont constatés entre B1 et LA en mai 2009 et entre B1 et B2 en février 2010.

L'évolution des concentrations totales en Fe est très fortement corrélée aux variations de la charge en particules (R = 0,981 ; α = 0,1%). En effet, à l'entrée du bassin 1, le Fe représente respectivement 30,5% et 24% en mai

2009 et en février 2010. Ces résultats indiquent qu'un transfert important du Fe vers le sédiment a lieu.

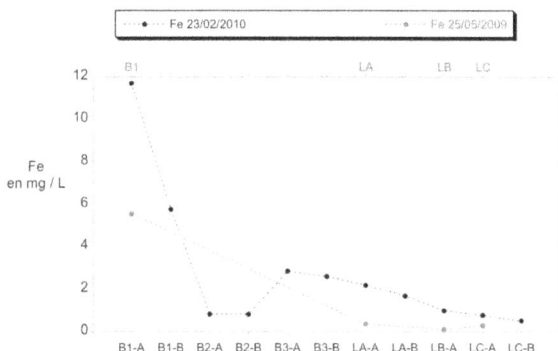

Figure 13 : *Concentrations en Fe dans la fraction > 0,45µm*

1.8. Concentrations en ETM

La Figure 14 montre l'évolution des concentrations en As, Cd, Cu, Zn et Pb pour les deux campagnes de prélèvements. À part pour l'As, les teneurs en ETM du lixiviat à l'entrée du système d'épuration sont toutes nettement plus élevées en février 2010 qu'en mai 2009. Malgré les concentrations élevées à l'entrée, la chute des concentrations en ETM dans le système d'épuration permet d'atteindre des niveaux comparables à ceux de mai 2009 à la sortie. Lors de la campagne de prélèvements de février 2010, les taux d'abattement constatés respectivement pour l'As, le Cd, le Cu, le Pb et le Zn sont de 85%, 89%, 100%, 92% et 95% entre l'entrée du bassin 1 et l'entrée de la lagune C et confirment le pouvoir épuratoire de ce système de lagunage. Cependant, une hausse importante des concentrations en Cd, Cu, Pb et Zn est observée dans l'échantillon prélevé à la sortie du système d'épuration. Les augmentations des teneurs à cet endroit correspondent à un apport d'éléments véhiculés par la fraction < 0,45 µm. Pour le mois de mai 2009, l'abattement des ETM est moins prononcé avec respectivement 88%, 72%, 23%, 26% et 32% de baisse des concentrations d'As, de Cd, de Cu de Pb et de Zn entre les entrées du bassin 1 et de la lagune C. Toutefois, les concentrations à la sortie sont égales ou inférieures à celles de février 2010.

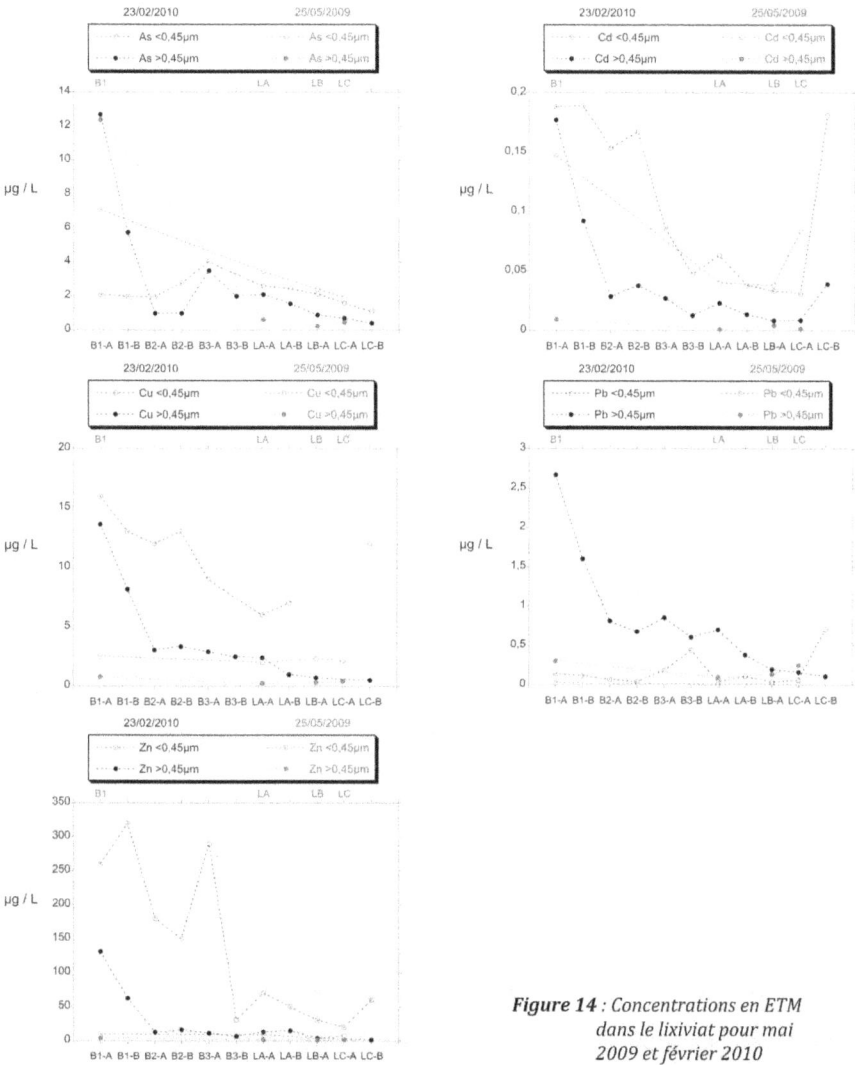

Figure 14 : Concentrations en ETM dans le lixiviat pour mai 2009 et février 2010

Les prélèvements de février 2010 ont été effectués alors qu'un épais manteau neigeux recouvrait le site, que la lagune A était en grande partie recouverte de glace et que les deux dernières lagunes étaient entièrement recouvertes d'une importante épaisseur de glace. Ces conditions pourraient favoriser une dilution du lixiviat par de l'eau de fonte qui ne serait pas contaminée. Cet effet de dilution ne s'observe pas dans le lixiviat brut alors que le débit était conséquent. Au contraire, la charge polluante est beaucoup plus conséquente en février 2010 que lors de l'échantillonnage en période de basses eaux du mois de mai 2009. L'augmentation de débit semble donc entraîner une augmentation de la charge polluante dans le lixiviat aussi bien dans la fraction dissoute que dans la fraction particulaire et indique que le transfert d'ETM est plus important pendant cette période de hautes eaux.

Pour les résultats de février 2010, des augmentations des teneurs sont observées dans la fraction dissoute pour As, Pb et Zn et dans la fraction particulaire pour As après le passage au niveau du filtre de galets situé entre B2 et B3.

2. Résultats des analyses des boues de lagunage.

Les quatre échantillons du premier bassin ont été analysés en DRX et leur concentration en $CaCO_3$, en carbone organique et en ETM ont été déterminées. Les résultats ayant révélé une homogénéité des prélèvements de ce premier bassin, les caractéristiques moyennes présentées de B1 sont basées sur l'analyse des quatre échantillons (B1-1, B1-2, B1-3 et B1-4). Les résultats sont présentés de manière à exposer l'évolution des différents paramètres le long d'un transect allant de l'amont (B1) vers l'aval (LC-4) du système de lagunage.

2.1. Caractéristiques générales des boues de lagunage

La couleur, les pourcentages de siccité, les valeurs de densité apparente et de pH sont listés dans le tableau 2. Les valeurs de siccité varient entre 19% et 52% (moyenne = 28 +/- 10%). Les valeurs de siccité les plus faibles sont observées dans B1 et B3. Les valeurs les plus élevées sont mesurées pour LB2. La densité apparente est comprise entre 0,53 et 0,87 (moyenne = 0,71 +/- 0,03). La couleur des échantillons va du marron foncé au marron pâle. Les échantillons prélevés en amont du système d'épuration sont plus foncés et présentent une teinte légèrement plus rougeâtre pour le bassin 1 (7,5YR au lieu de 10YR). De la partie avale du bassin 2 à la dernière lagune, les échantillons deviennent marron avec des tons plus pâles sur certains échantillons. Le pH des boues est neutre à légèrement alcalin (6,9 à 7,8).

Échantillon	B1	B2-1	B2-2	B2-3	B2-4	B2-5	B3	LA-1	LA-2	LA-3
siccité (%)	19 +/-1	21 +/-1	21 +/-1	27 +/-1	44 +/-1	34 +/-1	19 +/-1	19 +/-1	32 +/-1	25 +/-1
couleur	7,5YR 3/4 dark brown	10YR 4/2 dark grayish brown	10YR 4/2 dark grayish brown	10YR 4/2 dark grayish brown	10YR 4/3 brown	10YR 4/3 brown	10YR 4/3 brown	10YR 5/3 brown	10YR 6/3 pale brown	10YR 5/3 brown
densité apparente	0,77 +/-0,04	0,54 +/-0,01	0,61 +/-0,02	0,66 +/-0,01	0,72 +/-0,01	0,73 +/-0,01	0,71 +/-0,09	0,70 +/-0,06	0,76 +/-0,02	0,76 +/-0,02
pH	7,8	7,4	7,5	7,6	7,6	7,2	7,1	7,6	7,7	7,4

échantillon	LA-4	LB-1	LB-2	LB-3	LB-4	LC-1	LC-2	LC-3	LC-4
siccité (%)	19 +/-1	36 +/-1	52 +/-1	22 +/-1	23 +/-1	20 +/-1	40 +/-1	38 +/-1	20 +/-1
couleur	10YR 5/3 brown	10YR 5/3 brown	10YR 6/3 pale brown	10YR 5/3 brown	10YR 5/3 brown	10YR 4/3 brown	10YR 6/3 pale brown	10YR 6/3 pale brown	10YR 4/3 brown
densité apparente	0,75 +/-0,03	0,80 +/-0,02	0,87 +/-0,02	0,69 +/-0,02	0,74 +/-0,02	0,55 +/-0,01	0,76 +/-0,02	0,79 +/-0,02	0,53 +/-0,01
pH	7,4	7,1	7,4	7,5	7,2	6,9	7,7	7,5	7,2

Tableau C: *Caractéristiques des boues de lagunage*

2.2. Granulométrie des boues de lagunage

L'analyse granulométrique a été réalisée sur dix échantillons. Les résultats présentés se limitent à la distribution des particules comprises entre 0,02 µm et 200 µm (cf. matériels et méthodes). Les argiles granulométriques sont les particules de diamètre inférieur à 2 µm, les limons sont compris entre 2 µm et 20 µm et les sables ont un diamètre supérieur à 20 µm (classification de la société internationale de sciences du sol).

Pour les bassins (B1 et B2), la distribution de la taille des particules (Fig. 15) montre une tendance à des granulométries plus fines en progressant de

B1 vers B2, avec respectivement des valeurs centrées sur 60 µm et 30 µm. La texture principale est celle des sables fins (58 à 70%), dominant les limons (26 à 36%) et les argiles granulométriques (4,6 à 9 %). Dans les lagunes, les échantillons analysés peuvent être classés dans deux groupes. LA-1 et LC-1 montrent des compositions granulométriques proches des échantillons des bassins avec cependant un léger enrichissement en limons aux détriments des sables fins. Le deuxième groupe est composé des échantillons LA-2 et LB-2 qui montrent des tailles de particules plus fines avec entre 12 et 14% d'argiles granulométriques et 51 à 59 % de limons. Ces échantillons ont été récoltés dans la partie centrale de la lagune en dehors de la zone de bordure colonisée par la végétation (roseaux). L'échantillon LC-2 présente des caractéristiques intermédiaires aux deux groupes avec une proportion élevée en limons (51%) et un pourcentage d'argiles granulométriques faible (8,7%).

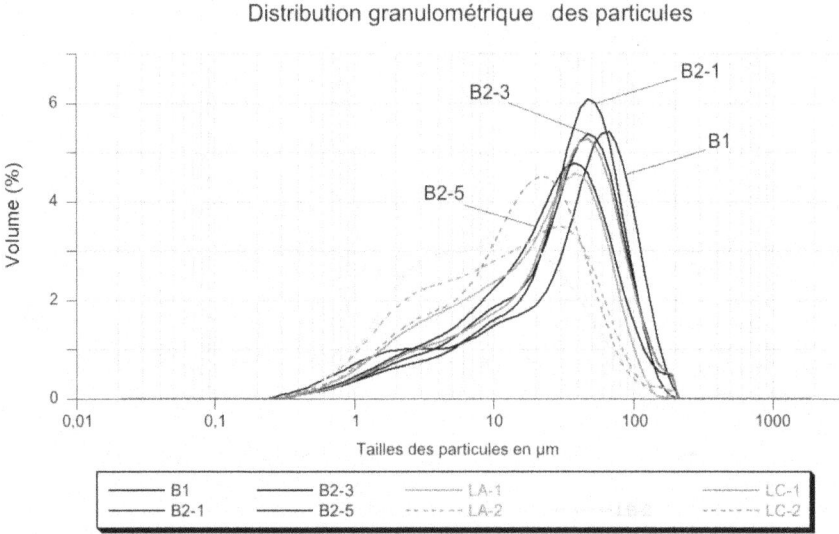

Figure 15 : Distributions de la taille des particules élémentaires des sédiments de lagune en pourcentage du volume total.

2.3. Étude de la fraction minérale.

Observation au MEB

L'interprétation des clichés est uniquement basée sur l'observation, les compositions chimiques des éléments observés n'ayant pu être déterminées par microanalyse. Les formes plus ou moins organisées et les éléments de contraste (Fig. 16) peuvent correspondre à des carbonates, des accumulations métalliques, des cristaux quartz et des phyllites.

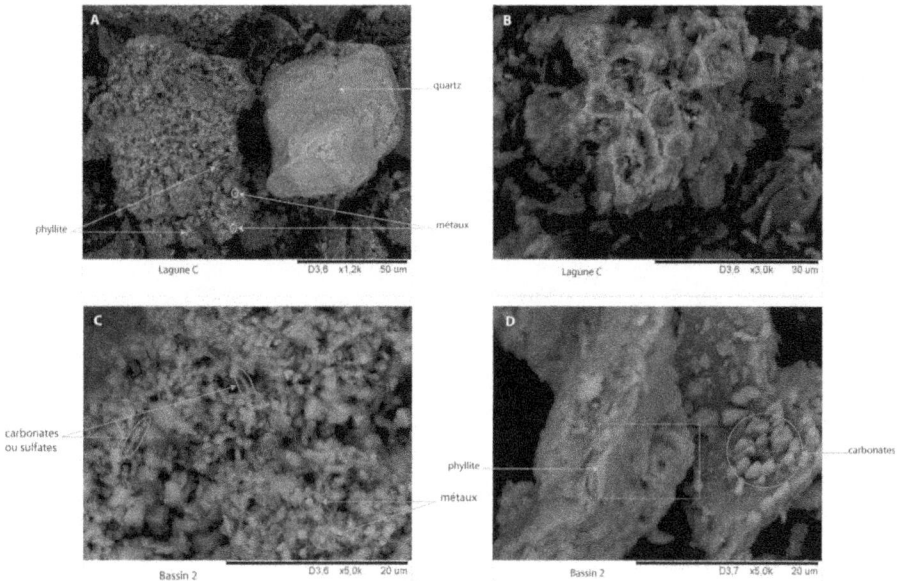

Figure 16 : Clichés MEB des sédiments de lagunage du Bassin 2 (C et D) et de la Lagune C (A et B)

Le cliché A montre une particule minérale très anguleuse à droite, interprétée ici comme étant du quartz. À gauche du cliché A, une particule agrégée à l'aspect hétérogène a été examinée. Nous proposons dans ce cas que cet amas floculé est composé d'argiles (phyllites) et que des accumulations métalliques sont adsorbées sur sa surface. À plus fort grossissement, nous pouvons observer une structure agencée en alvéole n'ayant pas été identifiée (cliché B). Il pourrait s'agir d'une particule d'origine anthropique (morceau de plastique ou de mousse polyuréthanne). Des structures ou formes de précipitation sont observées (clichés C et D) sur les amas phylliteux. Il pourrait s'agir de précipitations de carbonates ou de sulfates. De petites zones de formes arrondies et à très fort contraste apparaissent (cliché C). Elles peuvent être interprétées comme des zones d'accumulation métalliques. Cette première investigation nous montre qu'il est nécessaire de procéder à une analyse plus précise avec l'utilisation d'une sonde permettant de déterminer les éléments chimiques.

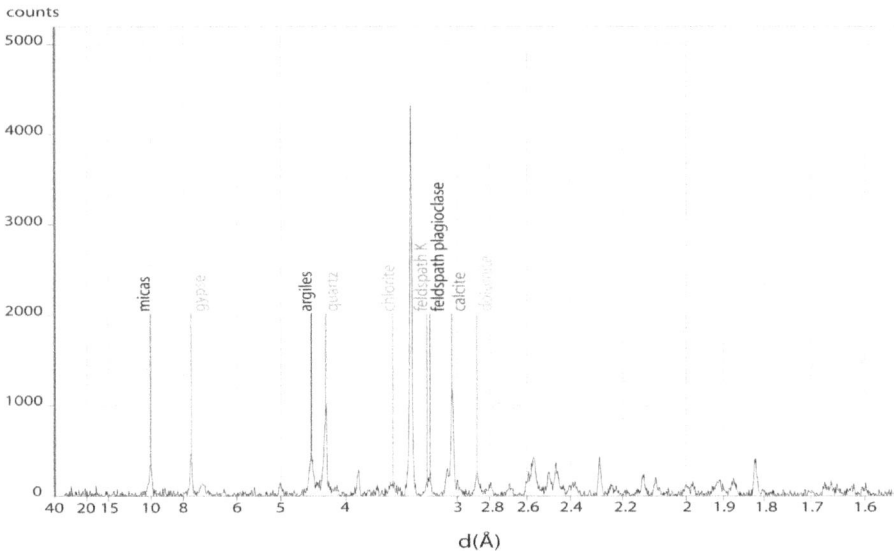

Figure 17 : Diffractogramme obtenu pour l'échantillon B3. Les pics principaux utilisés pour la caractérisation des minéraux sont représentés sur la figure

Diffraction des rayons X

L'analyse par diffraction des rayons X a révélé la présence de plusieurs groupes de minéraux (Fig. 17). Un premier assemblage de minéraux primaires composé du quartz, des feldspaths, des micas et de la chlorite qui proviennent des schistes composant le substratum géologique. La présence de ces minéraux dans les sédiments de lagune peut être aussi expliquée par des apports locaux, éoliens ou par ruissellement. En effet, autour du site nous avons observé des zones étendues où le substratum géologique est à l'affleurement. Ces zones sont soumises à un fort trafic d'engins (chemin, zone de stockage temporaire, découverte). La contribution des argiles de colmatage disposées sur le fond des lagunes est également possible (benne Eckmannn, travaux de réfection des bassins).

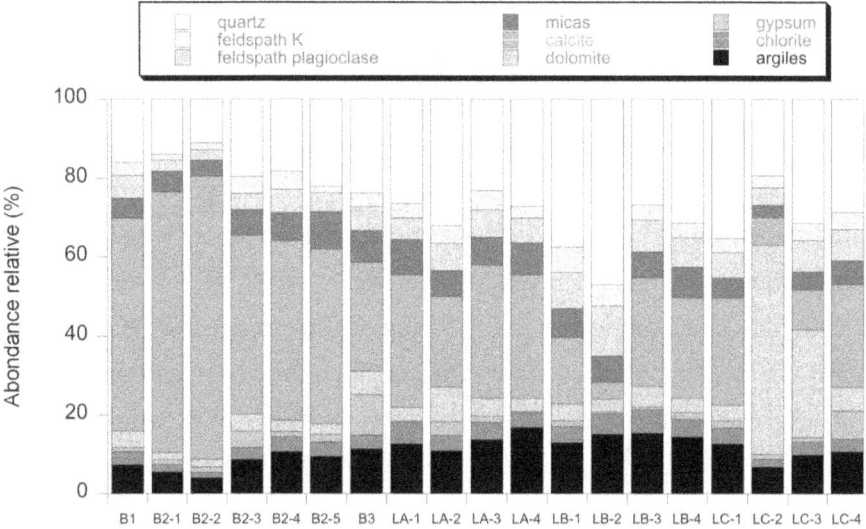

Figure 18 : *Pourcentages d'abondance des différentes phases cristallisées dans les sédiments de lagune*

Pour mieux déterminer l'origine de ces minéraux, nous proposons de récolter un volume important de lixiviat dans des réservoirs temporaires protégés du ruissellement et des apports éoliens. L'analyse en diffraction des rayons X du sédiment ainsi produit nous permettra d'évaluer la contribution des apports de ces minéraux par le lixiviat brut.

La calcite, la dolomite et le gypse ne sont pas des minéraux hérités du substrat. Provenant des déchets stockés (gravats de calcaire, béton), ils constituent un deuxième groupe de minéraux transférés soit sous forme particulaire depuis la zone de stockage des déchets, soit de la précipitation *in situ* de ces espèces. La formation de ces minéraux est favorisée par des conditions évaporitiques couplées à l'action des bactéries. En effet, en période estivale, l'écoulement cesse et il convient donc de vérifier si des conditions propices à la formation de ces minéraux sont réunies. L'origine des argiles est multiple, elles peuvent aussi bien provenir du substrat que de gravats et de remblais déposés avec les déchets ou bien encore des argiles de fond de lagune.

Les abondances relatives des espèces minérales étudiées (Fig. 18) montrent des variations au cours du processus de lagunage. Dans les bassins, la proportion de calcite est prédominante et diminue en progressant vers les lagunes en faveur du quartz (Lagune B) et des argiles. L'abondance de calcite est anti-corrélée à l'abondance des minéraux primaires issus du substrat (quartz, feldspaths, mica ; $R = -0,767$, $\alpha = 0,1\%$). Les échantillons LC-2 et LC-3 se distinguent par d'importantes proportions de dolomite. Hormis une origine détritique, nous n'avons pas d'hypothèse à proposer pour expliquer ces teneurs importantes dans les échantillons de la lagune C. À ce titre, l'étude avec un MEB équipé d'une sonde à microanalyse aux rayons X pourrait être un bon outil d'investigation. L'échantillon LB-2 est majoritairement composé des minéraux provenant du substrat.

Manocalcimétrie

Les teneurs en $CaCO_3$ sont comprises entre 21‰ et 337‰ (Fig. 19). La tendance générale montre une baisse des teneurs en allant de l'amont vers l'aval du système de lagunage. Dans les bassins, les teneurs en $CaCO_3$ augmentent entre les points de prélèvement B1 (208‰) et B2-2 (337‰). Ensuite les concentrations diminuent jusque dans le bassin 3 (101‰). Dans les lagunes, les teneurs en $CaCO_3$ dans les boues de lagunage sont relativement stables (moyenne = 96 +/- 33‰) avec cependant des valeurs plus faibles aux points de prélèvement LB-1 (67 ‰), LB-2 (21‰) et LC-3 (57‰). Ces observations sont en accord avec les résultats de l'analyse par diffraction des rayons X et une corrélation linéaire est observée entre le taux de $CaCO_3$ mesuré par manocalcimétrie et le pourcentage de calcite estimé

42

par diffraction des rayons X (R = 0,893 , α = 0,1). Cette corrélation confirme que la calcite est plus présente dans les deux premiers bassins que dans les lagunes.

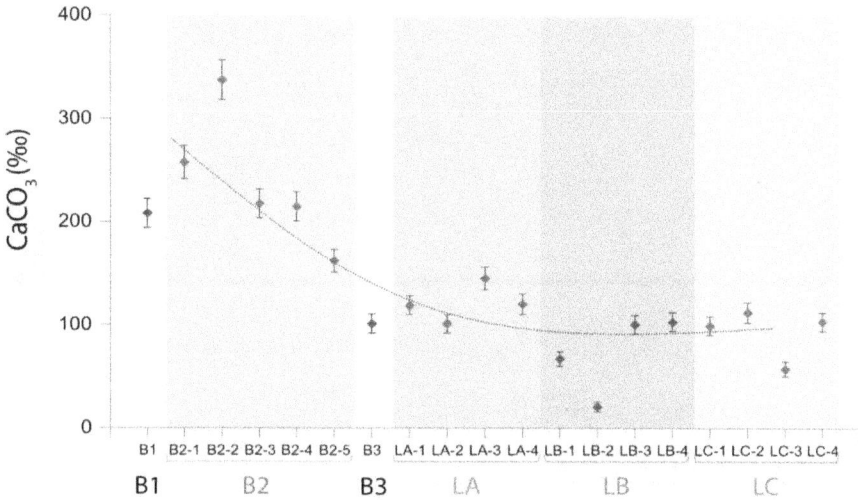

Figure 19 : *Concentrations en CaCO$_3$ (‰) dans les sédiments de lagune*

2.4. Étude de la fraction organique.

Méthode de combustion sèche

Les concentrations en carbone organique sont comprises entre 1,8% et 14,7% (moyenne = 6 +/-3%) (Fig. 20a). La valeur la plus élevée est mesurée dans l'échantillon B1 et la valeur la plus faible dans la dernière lagune (LC2). La distribution des teneurs en carbone organique montre une tendance générale de diminution des teneurs dans les bassins (B1 et B2) vers les lagunes. La diminution est très marquée de B1 à B2-5 (de 14,7% à 4,4%). Ensuite les teneurs en carbone organique augmentent dans B3 et LA1 avec respectivement) 7,2 % et 8,4%. Dans les lagunes, le long du transect amont-aval, les teneurs sont très variables autour d'une valeur moyenne de 5,3% +/- 2,5%. Les concentrations sont soit plus élevées (LA1, LC2, LC4), soit plus faibles (LB2, LC2, LC3). À l'intérieur des lagunes, de l'amont vers l'aval, les concentrations en carbone organique sont plus élevées vers l'entrée et la sortie qu'au centre des lagunes. Cette distribution observée dans les trois lagunes est particulièrement bien marquée dans LC avec respectivement des valeurs de 10% et 7,1% pour LC-1 et LC-4 contre des valeurs de 1,8% et 2% pour LC-2 et LC-3 (Fig. 20a).

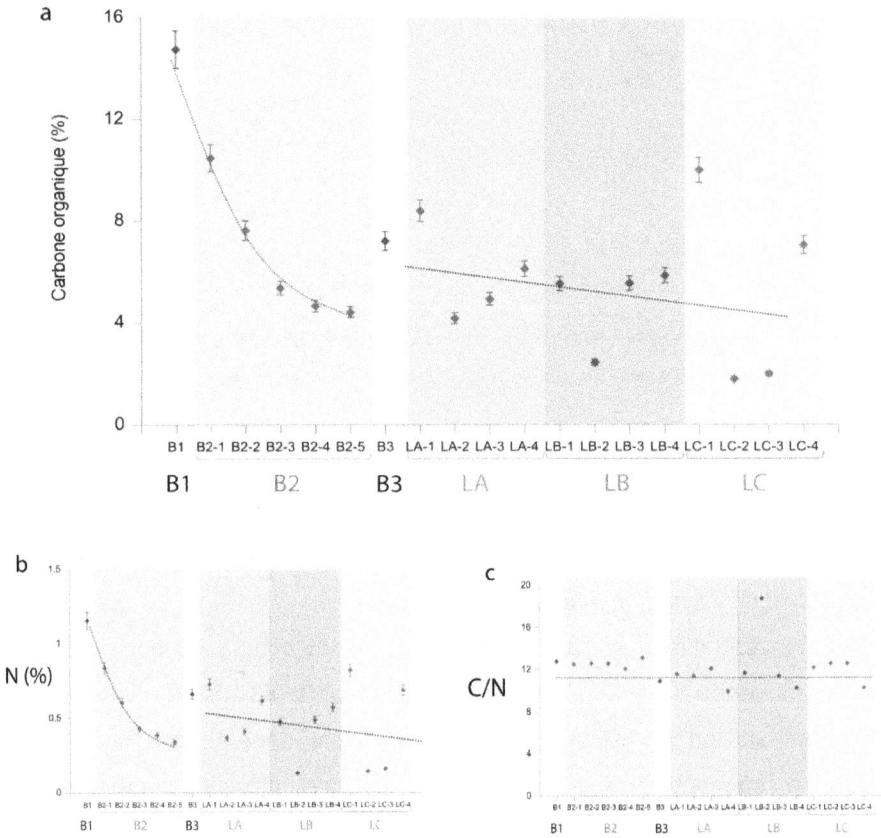

Figure 20 : a) *Concentrations en carbone organique dans les sédiments de lagune*
b) *Concentrations en azote dans les sédiments de lagune*
c) *Rapports C/N dans les sédiments de lagune*

Les concentrations en azote sont comprises entre 0,13% et 1,16% (moyenne = 0,53 +/- 0,26) (Fig. 20b). Ces teneurs sont fortement corrélées avec les concentrations de carbone organique (R = 0,981 , α = 0,1%), se traduisant par un rapport C/N très stable entre les échantillons (moyenne = 12,16 +/- 1,84) (Fig. 20c). La valeur moyenne du rapport C/N indique que la matière organique présente dans le sédiment est immature et peut se dégrader rapidement du fait de l'abondance suffisante d'azote pour permettre la minéralisation du carbone organique par les bactéries.

Méthode de la perte au feu

La méthode de la perte au feu montre que la proportion de matière organique totale varie entre 9,9% (LB-2) et 37,8% (B1). La matière organique est principalement mesurée lors de la perte au feu à 550°C ce qui correspond à la matière organique volatile. Les matières organiques réfractaires ne représentent qu'entre 0,8% (B2-1) et 6,8% (B2-2) de la fraction totale alors que la matière minérale est la phase principale constituant entre 62% et 90% des sédiments de lagunes (Fig. 21). La tendance générale montre une diminution du pourcentage de matière organique entre l'amont et l'aval du système d'épuration. Des variations analogues à celles qui sont observées pour le pourcentage de carbone organique sont observées dans les lagunes. En effet des teneurs plus élevées en matière organique sont systématiquement mesurées en entrée et en sortie des lagunes A, B et C.

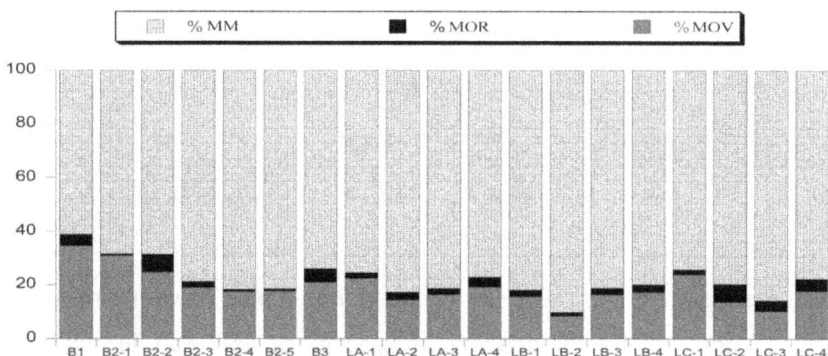

Figure 21 : *Pourcentages en poids des différentes phases :*
MM : matière minérale, MOR : matière organique réfractaire, MOV : matière organique volatile

2.5. Concentrations totales en Cu et Zn

Les concentrations totales en Cu dans les boues de sédimentation varient entre 101 µg/g (LC-2) et 356 µg/g (LA-4) (Fig. 22). Nous observons un fonctionnement différent entre les bassins et les lagunes. Dans les bassins, les teneurs sont relativement stables (moyenne = 130 +/- 26 µg/g) avec un maximum en entrée du deuxième bassin et une baisse des concentrations en allant vers la sortie de ce bassin. Les points de prélèvement B1 et B3 ont des teneurs semblables en Cu. Il semble y avoir une influence des filtres en galets et en graviers placés entre les bassins. En effet, au cours du transect d'amont en aval réalisé dans les bassins, les concentrations en Cu dans les sédiments augmentent aux points B2-1 et B3.

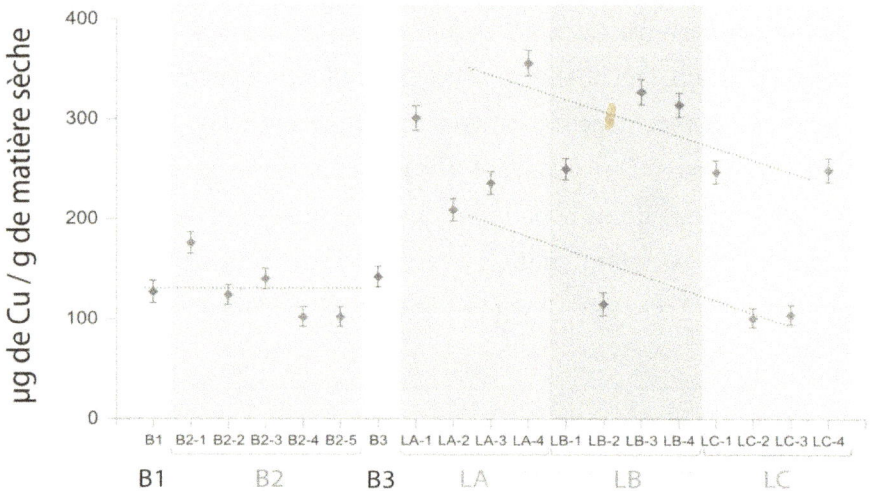

Figure 22 : Concentrations totales en Cu dans les sédiments de lagune

Dans les lagunes, les concentrations deviennent plus élevées (moyenne = 234 +/- 87 µg/g), atteignant des valeurs proches de 350 µg/g. D'importantes variations des teneurs en Cu sont constatées et un phénomène intéressant est observé au sein des trois lagunes avec, comme dans le cas du carbone organique, des sédiments qui sont plus concentrés en Cu aux entrées et aux sorties qu'au centre des lagunes. Il y a une diminution des teneurs en Cu entre LA et LC.

Notons également qu'il y a plus de Cu dans les sédiments prélevés en aval du système d'épuration que dans ceux qui ont été récoltés en amont.

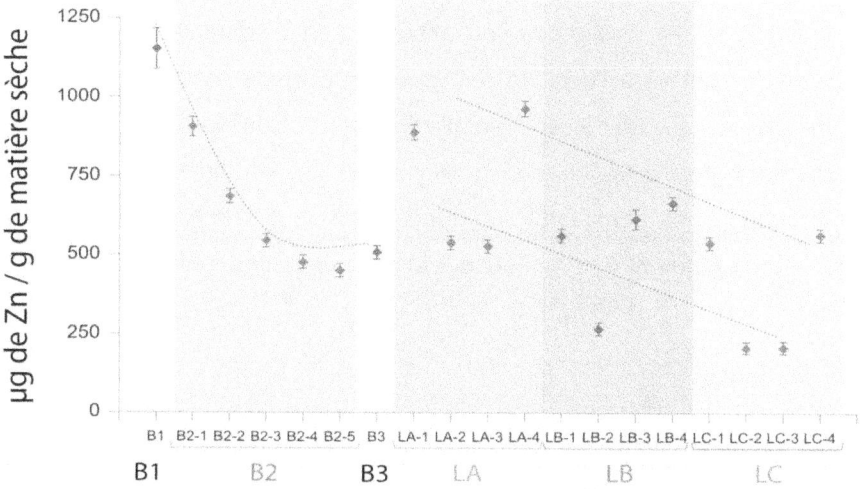

Figure 23 : *Concentrations totales en Zn dans les sédiments de lagune*

L'évolution des concentrations en Zn est différente de celle des concentrations en Cu (Fig. 23). Les teneurs sont comprises entre 207 µg/g et 1154 µg/g (moyenne = 592 +/- 248 µg/g). La tendance générale montre une baisse des concentrations en Zn dans les sédiments en allant de l'amont vers l'aval du système d'épuration. La valeur la plus forte est mesurée dans B1 (1154 µg/g) après quoi les concentrations diminuent au fur et à mesure de la progression dans les bassins avec des valeurs d'environ 500 µg/g entre B2-3 et B3. Dans les lagunes, les teneurs en Zn enregistrent une hausse dans la lagune A avec 888 µg/g pour LA-1 et 963 µg/g pour LA-4. Un phénomène analogue à celui décrit précédemment pour le Cu et le carbone organique est observé pour le Zn avec des concentrations plus élevées sur les bords qu'au centre des lagunes. Une diminution des teneurs en Zn est également observée d'amont en aval des lagunes.

Dans les bassins, les évolutions des concentrations en Cu et en Zn dans les boues de lagunage montre des tendances bien distinctes avec une sédimentation très marquée du Zn pour les premiers points de prélèvement (B1 et B2-1) et une baisse des concentrations de Zn dans les sédiments en allant de l'amont vers l'aval de ces bassins. Dans le même temps, le Cu montre une dynamique de sédimentation constante dans les trois bassins.

Dans les lagunes, le Cu et le Zn montrent des tendances similaires avec des accumulations deux fois plus importantes vers les bords que vers le centre des lagunes et une tendance à la diminution des teneurs en allant de LA à LC.

V Discussion

Les différents travaux réalisés sur le lixiviat et sur les sédiments de lagune ont permis de caractériser une partie des processus contrôlant le transfert des ETM. La discussion s'orientera dans un premier temps sur la lixiviation et le transport en phase liquide des éléments chimiques depuis la zone de stockage des déchets vers l'environnement. Après quoi, à l'aide des résultats des analyses effectuées sur les sédiments, des hypothèses seront proposées pour expliquer les phénomènes contrôlant l'épuration du lixiviat au cours de son trajet dans le système de lagunage naturel.

Évolution de la charge polluante dans le lixiviat

L'hydrodynamisme dans l'amoncellement de déchets est responsable de la production et de la qualité du lixiviat. L'entraînement des composés organiques et inorganiques intervient sous formes particulaires, colloïdales et dissoutes.

Les conditions d'oxydo-réduction contrôlent la dissolution des éléments chimiques et leur transfert en phase dissoute (Flyhammar, 1997). Les transferts en phase particulaire peuvent être causés par un simple effet dynamique lié au transit du lixiviat qui emmènerait les particules suffisamment légères pour être transportées, le stock de particules étant entretenu au cours de la dégradation des déchets par l'activité biologique et les réactions d'oxydo-réduction. Nos résultats ont montré que les concentrations de contaminants véhiculés par le lixiviat étaient plus importantes pendant la période de hautes eaux. De plus, le débit beaucoup plus important observé à cette période implique un flux d'éléments plus conséquent. Une étude antérieure a montré qu'une augmentation de l'humidité dans les déchets entraînait une hausse du taux de dissolution (Wang et al., 2009).

Les résultats des analyses du lixiviat montrent de fortes diminutions des concentrations en COT, Ca, Mg, HCO_3^- et SO_4^{2-} dans la fraction < 045 µm. La baisse de ces concentrations indique que ces éléments subissent des processus de précipitation ou de floculation et sont transférés dans la fraction > 0,45 µm et dans le sédiment. Les concentrations en ETM diminuent également au fur et à mesure du trajet du lixiviat dans le système de lagunage. Les ETM sont donc transférés vers les sédiments simultanément aux éléments majeurs sous la forme de complexes organométalliques ou en étant incorporés dans des oxydes de Fe ou des carbonates (Ettler et al., 2006a ; Ettler et al., 2006b). Les ETM peuvent également être adsorbés sur des particules argileuses comme nous supposons l'avoir observé au MEB.

Pour comprendre le comportement des différents éléments chimiques dans le lixiviat, les techniques d'ultrafiltration permettraient de mieux connaître leur répartition entre les phases dissoute, colloïdales et particulaire. L'étude des lixiviats nécessite un suivi plus important avec une haute fréquence d'échantillonnage. En effet, pour déterminer précisément les interactions entre les conditions physico-chimiques ou l'hydrodynamisme d'un côté et le transfert par le lixiviat et la sédimentation de l'autre, il est indispensable d'intégrer tous ces paramètres avec un pas de temps réduit (Ettler et al.,

2008). La prise en compte des paramètres biotiques serait un complément intéressant pour cette étude.

Composition des sédiments de lagune

L'analyse des sédiments de lagunes a montré qu'ils étaient essentiellement constitués d'eau (72 +/-10%), de couleur marron et que leur pH est légèrement alcalin. L'étude nous a également permis de caractériser deux pôles composant la matière sèche : un premier compartiment minéral et un second organique. Nous avons essayé de faire le bilan de la phase minérale. Pour cela nous utilisons les concentrations mesurées par manocalcimétrie et les abondances relatives des phases minérales cristallisées déterminées par la méthode de DRX. Ainsi, la concentration d'une espèce minérale est estimée suivant l'équation 9:

$$\underline{\text{Équation 9}}: \%_{min.}(X) = \frac{\%_{ab.}(X)}{\%_{ab.}(\text{calcite}) \times \%_{min.}(\text{calcite})}$$

avec $\%_{min.}(X)$ = pourcentage du minéral X ; $\%_{ab.}(X)$ = % abondance du minéral mesurée en DRX ; $\%_{ab.}(\text{calcite})$ = % abondance de la calcite mesurée en DRX ; * $\%_{min.}(\text{calcite})$ = % de calcite mesurée en manocalcimétrie.

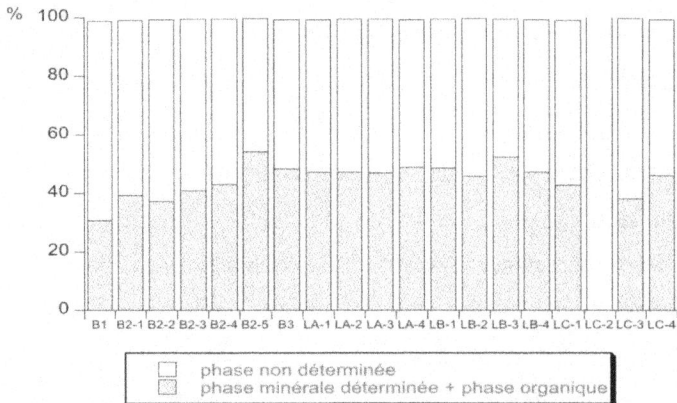

Figure 24 : *Pourcentages estimés des phases n'ayant pas été déterminées au cours de l'étude.*

L'échantillon LC2 se distingue par un bilan excédentaire (166%) et ne sera pas discuté. Cette estimation montre que la proportion de matière sèche n'ayant pas été caractérisée varie entre 30% (B1) et 54 % (B2-5) avec une valeur moyenne de 44% +/- 6% (Fig. 24). Cette fraction du sédiment peut correspondre à plusieurs types de constituants. Tout d'abord, la diffraction des rayons X permet de caractériser les phases minérales cristallisées. Il peut donc y avoir présence de minéraux mal cristallisés, notamment des argiles, carbonates ou des sulfates qui n'ont pas été caractérisés par l'étude de DRX. De plus, Khattabi (2002) a rapporté que le Fe était un constituant majeur des sédiments (13,4% dans B1 et 11,6% dans B4), cependant nous n'avons pas décelé de minéraux contenant du Fe lors de l'analyse de DRX. La phase non identifiée par notre étude est donc composée de Fe, probablement présent sous la forme d'oxydes de Fe amorphes et de minéraux non-cristallisés. Enfin des particules anthropiques peuvent venir compléter la composition des sédiments de lagune.

Teneur en matière organique des sédiments de lagune

Les deux méthodes utilisées pour caractériser la fraction organique du sédiment montrent des variations similaires du taux de carbone organique mesuré par combustion sèche et du pourcentage de matière organique calculé par perte au feu. Afin de convertir le taux de carbone organique mesuré par la méthode de combustion sèche en taux de matière organique, il convient de le multiplier par un facteur 2, un ratio utilisé pour la matière organique fraîche (Duchaufour, 2001). Lorsque nous comparons les taux de matières organiques déterminés par combustion sèche avec les pourcentages de matières organiques volatiles (perte au feu), les valeurs sont fortement corrélées (R = 0,946 ; α = 0,01) (Fig. 25). Cependant la pente de la droite de régression linéaire est inférieure à 1 et l'ordonnée à l'origine est de 7,1. Ces valeurs nous conduisent à suggérer que le pourcentage de perte au feu ne corresponde pas uniquement à la matière organique. La combustion des échantillons à 550 °C entraîne la perte de l'eau de constitution et la déshydroxylation des argiles (Frangipane et al., 2009). Ces phénomènes se traduisent par une perte de masse et correspond à la surestimation de la teneur en matière organique volatile. Dans ce cas, la surestimation du taux de matière organique volatile est proportionnellement plus importante dans les échantillons à faible teneur organique. Ce paramètre explique la déviation de la droite de régression linéaire.

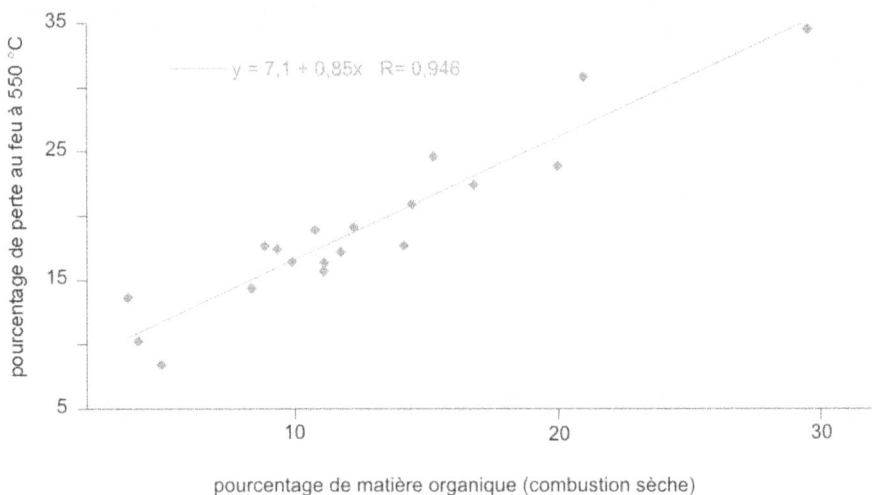

y = 7,1 + 0,85x   R= 0,946

pourcentage de matière organique (combustion sèche)

Figure 25 : *Droite de régression linéaire entre les pourcentages de matières organiques déterminés par combustion sèche et par perte au feu à 550 °C*

La confrontation des valeurs de matière organique mesurée par combustion sèche et de la matière organique totale estimée par perte au feu à 1000°C montre une allure similaire au cas précédent (Fig. 26). Les deux méthodes sont significativement corrélées (R = 0,89 ; α = 0,01). La valeur de 0,93 caractérisant le rapport des valeurs obtenues par les deux méthodes est satisfaisante. Cependant la valeur de l'ordonnée à l'origine est supérieure à 0 et indique une nouvelle fois que la méthode de perte au feu ne quantifie précisément le compartiment organique. En effet pour les deux étapes de perte au feu à 550 °C et 1000 °C, des surestimations respectives de 7,1% et

10,5% sont constatées. À 1000 °C, les carbonates son détruits. Cette phase minérale est présente dans les échantillons et leur combustion est également responsable d'une surestimation du taux de matière organique totale. Un moyen de mesurer le taux de matière organique par perte au feu serait de mesurer la perte de poids d'échantillons dans lesquels la matière organique aurait été préalablement détruite par oxydation à l'eau oxygénée. La différence de perte de poids entre les échantillons traités et non traités permettrait de calculer précisément le pourcentage de matière organique.

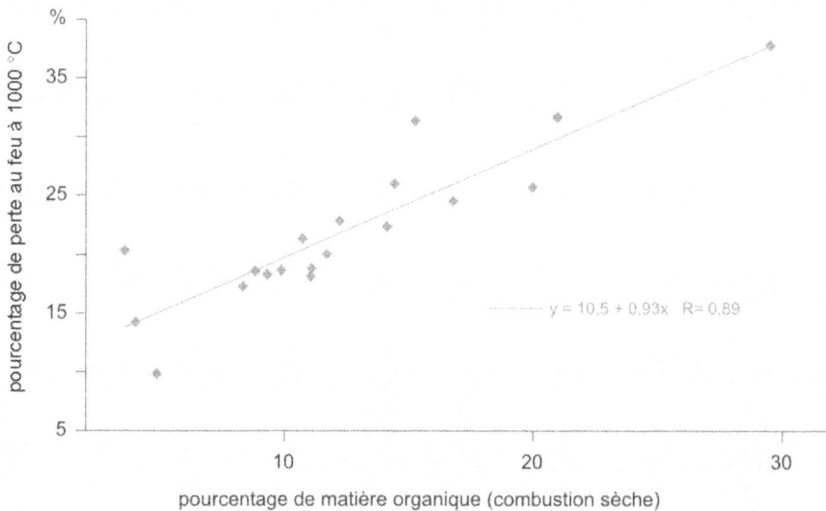

Figure 26 : Droite de régression linéaire entre les pourcentages de matières organiques volatiles déterminés par combustion sèche et par perte au feu à 1000 °C

Relation entre le carbone organique et la sédimentation des ETM

L'observation de la distribution des concentrations en Cu et Zn a montré des similitudes avec l'évolution des teneurs en matière organique. Dans l'ensemble du système de lagunage, les concentrations en Zn sont significativement corrélées avec les pourcentages de carbone organique mesuré par combustion sèche (Fig. 27). Ce premier résultat indique que les sédimentations du Zn et du carbone organique sont associées. Le Cu ne montre pas de corrélation avec le taux de matière organique en considérant l'ensemble du système de lagunage. En observant plus dans le détail, il apparaît que dans les bassins, les teneurs en Zn sont très fortement corrélées au carbone organique alors que le Cu ne montre pas de corrélation avec la matière organique (Fig. 28). Le Zn est donc complexé à des molécules organiques et sédimente dans les bassins. Par contre, le Cu ne montre pas de relation avec la fraction organique sédimentée et les concentrations en Cu restent constantes lorsque le pourcentage de carbone organique varie. Ces résultats montrent que le Cu et le Zn ne sont pas associés aux mêmes phases dans les sédiments et suggèrent donc qu'ils soient véhiculés par des phases différentes dans le lixiviat.

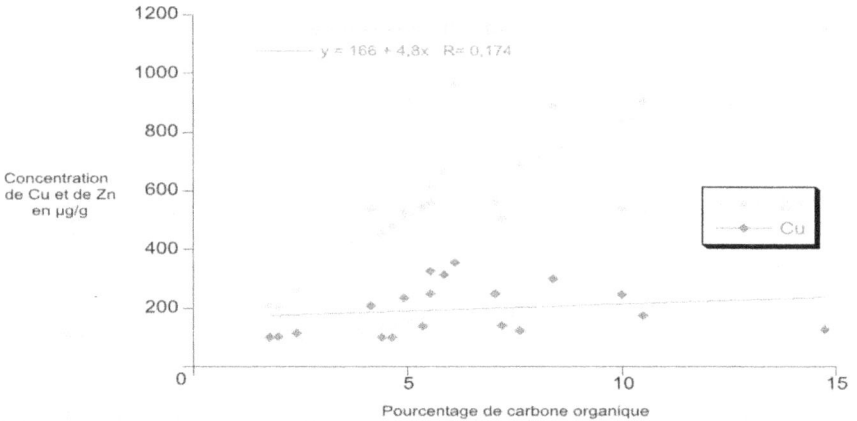

Figure 27 : *Droites de régression linéaire entre les concentrations de Cu et de Zn et le pourcentage de carbone organique dans le système de lagunage*

La situation est différente dans les lagunes où le Zn apparaît moins corrélé avec le carbone organique que dans les bassins. Les concentrations en Cu sont significativement corrélées avec le pourcentage de carbone organique (Fig. 29). Ces résultats montrent que les dynamiques de sédimentation sont différentes entre les bassins et les lagunes avec des comportements plus similaires du Cu et du Zn dans ces dernières. Les lagunes ont une plus grande superficie que les bassins et par conséquent, le temps de séjour du lixiviat dans les lagunes est plus long. La floculation des matières organiques est donc favorisée. Au cours de la floculation, les matières organiques incorporent des ETM qui sont ainsi transférés dans le sédiment par décantation.

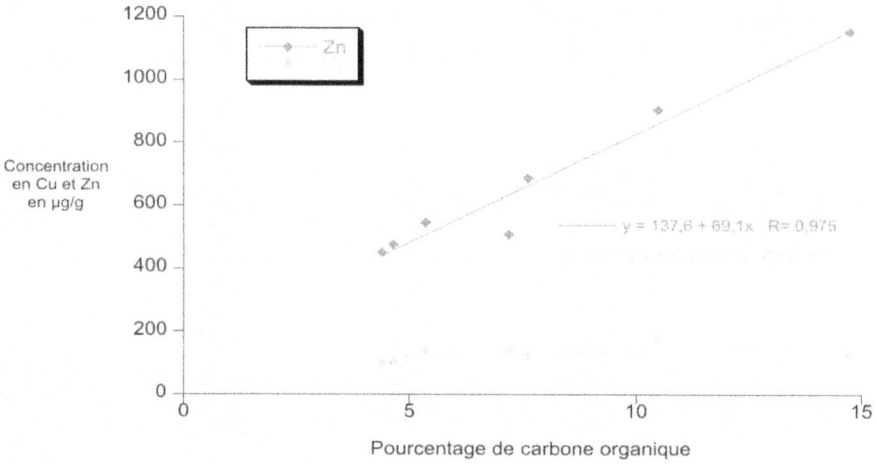

Figure 28 : Droites de régression linéaire entre les concentrations de Cu et de Zn et le pourcentage de carbone organique dans les bassins

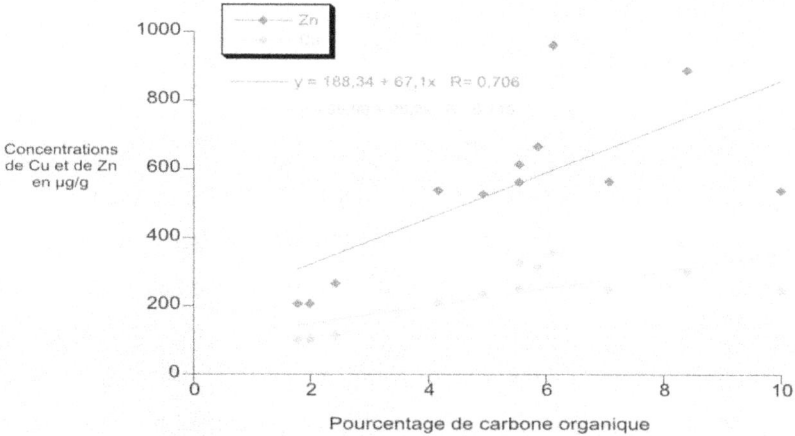

Figure 29 : Droites de régression linéaire entre les concentrations de Cu et de Zn et le pourcentage de carbone organique dans les lagunes

Les résultats des analyses effectuées pour le Cu et le Zn ont montré que leur sédimentation dans les lagunes était à mettre en relation avec la proximité du bord. Il nous paraît donc intéressant de tester les corrélations entre le taux de carbone organique et les concentrations en ETM en fonction de la position des points de prélèvement. Il apparaît que la sédimentation du Cu et du Zn est très fortement corrélée à la sédimentation du carbone organique pour les points de prélèvements situés au centre des lagunes (Fig. 30). Cette corrélation met en évidence la sédimentation de complexes organométalliques dans les lagunes.

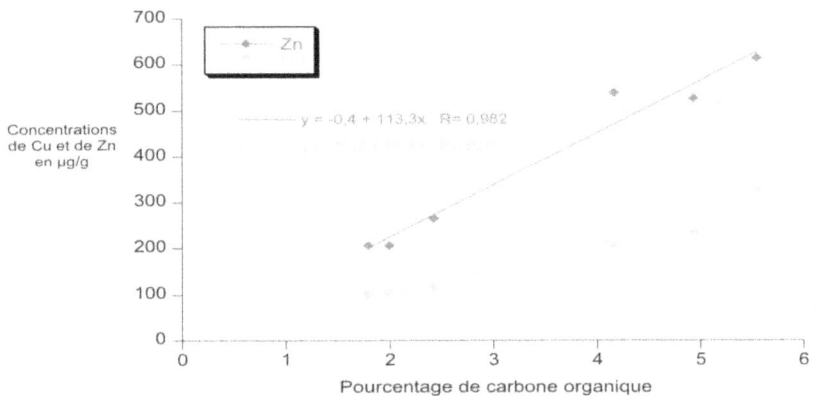

Figure 30 : *Droites de régression linéaire entre les concentrations de Cu et de Zn et le pourcentage de carbone organique au centre des lagunes*

Sur les bords des lagunes, les concentrations en ETM et en carbone organique augmentent. Cependant, aucune corrélation significative entre ces paramètres n'est décelée en prenant seulement en compte les échantillons prélevés vers les berges. Pour mieux interpréter les phénomènes de bord observés dans les lagunes, il convient de prendre en compte le développement de la végétation sur les berges. Cette végétation est composée de roseaux se développant directement sur les bords des lagunes et à plus large échelle de feuillus qui produisent une importante quantité de feuilles mortes à l'automne. Les lagunes subissent une influence croissante de la végétation en progressant vers l'aval. Ce phénomène a été observé dans la dernière lagune où les sédiments présentaient une proportion conséquente de feuilles mortes. Ces apports en matières organiques sur les bords des lagunes permettent de fixer davantage les ETM, notamment le Cu et le Zn qui présentent une forte affinité avec la fraction organique. De plus, les roseaux incorporent des ETM dans leurs tissus et provoquent une sédimentation biologique lors de la mort et de la décomposition des roseaux. Ces apports de sédiments liés aux phragmites contiennent des ETM mais enrichissent davantage le sédiment en carbone organique, modifiant ainsi le signal de la sédimentation observée aux centres des bassins. Cependant, la répartition hétérogène des roseaux au bord des lagunes et la contribution plus importante des feuilles mortes vers l'aval sont responsables d'une accumulation hétérogène de carbone organique exogène qui atténue la forte relation observée entre la matière organique et les ETM dans les sédiments de lagune.

Remobilisation des contaminants du sédiment vers le lixiviat

En février 2010, nous avons mesuré des augmentations des concentrations en As et en Fe dans la fraction particulaire ainsi qu'en Zn dans la fraction dissoute après le passage au niveau du filtre en galets. La prise en compte de ces résultats nous mène à proposer qu'il y ait une remobilisation d'éléments depuis le sédiment vers le lixiviat. Les valeurs du Eh sont mesurées en surface et les conditions d'oxydo-réduction à l'interface eau – sédiment sont probablement différentes. En effet, cette tranche d'eau est appauvrie en oxygène car celui-ci est consommé rapidement dans la tranche d'eau supérieure par réaction avec le Fe II amené par le lixiviat brut. Les conditions réductrices au niveau des sédiments entraînent la dissolution des phases oxydées (Fe) dans les sédiments du bassin 2, ce qui est responsable de la remobilisation du Zn, du Fe et de l'As. Ensuite ces trois éléments sont de nouveau oxydés et sont transférés dans la phase particulaire et le sédiment à leur arrivée dans le bassin 3. Les réactions d'oxydation entraînant la diminution du Eh dans B3.

VI Conclusion

Cette étude a montré l'influence du régime hydrique dans les couches de déchets. L'augmentation du débit est conjuguée à une augmentation de la charge polluante dans le lixiviat. Les concentrations en éléments majeurs et en éléments traces mesurées d'amont en aval du système de lagunage montre que l'épuration est efficace. La fraction particulaire est très riche en Fe et sédimente dans les premiers bassins. Les taux d'abattement des éléments majeurs, des éléments traces et du carbone organique indiquent qu'il y a une sédimentation importante de ces éléments au cours de leur transit dans le système de lagunage. Dans le lixiviat brut, les concentrations en ETM sont significatives mais seule la concentration en As excède la norme relative aux eaux de consommation. L'As est véhiculé par la phase particulaire et, comme dans le cas du Fe, les concentrations diminuent rapidement. Une diminution des concentrations en ETM est observée entre l'amont et l'aval du système de lagunage. Les eaux rejetées dans le milieu naturel présentent des concentrations inférieures aux valeurs limites préconisées par l'union européenne pour les eaux destinées à la consommation (Directive 98/83/EC).

La phase minérale des sédiments de lagunage est composée principalement de minéraux provenant du substratum géologique et de calcite. Une partie de la phase minérale reste à déterminer. L'étude de la fraction organique a montré une sédimentation plus importante des matières organiques aux points d'entrée et de sortie des lagunes. Le Cu et le Zn ont un comportement différent dans les bassins situés à l'amont du système de lagunage. Dans les sédiments des bassins, les teneurs en matière organique et en Zn sont corrélées et diminuent rapidement d'amont en aval simultanément à un abattement important de la charge particulaire par l'action des filtres. L'étude des sédiments de lagunes a montré que la sédimentation du Cu et du Zn dans les lagunes était reliée à la matière organique. Les sédiments prélevés au centre des lagunes sont moins riches en matière organique. Ainsi, une accumulation préférentielle du Cu et du Zn vers les bords des lagunes est constatée (Guigue et al., 2013).

VII Perspectives

Plusieurs analyses supplémentaires permettraient de compléter cette étude. Un suivi des paramètres physico-chimiques et des concentrations en éléments majeurs et en éléments traces dans le lixiviat accompagné d'une étude de la spéciation de ces éléments chimiques dans les différentes factions colloïdales permettrait de mieux comprendre les processus liés à l'épuration dans le système de lagunage.

D'autre part le prélèvement d'importants volumes de lixiviat afin de simuler le lagunage permettrait de mieux caractériser les dynamiques de sédimentation. En effet, l'avantage de cette expérience serait de comparer les caractéristiques de sédiments formés à partir d'une solution d'origine pouvant être analysée. Ce qui n'était pas possible dans notre cas puisque nous avons caractérisé le lixiviat lors de deux campagnes de prélèvements ponctuelles et que la composition des sédiments analysés reflétait une période d'accumulation de seize années.

Une analyse des sédiments par spectrométrie de masse a été souhaitée au cours de cette étude. Les résultats nous renseignerons sur les concentrations en éléments majeurs et en éléments traces dans les sédiments et nous permettrons de mieux caractériser la fraction minérale ainsi que la dynamique de sédimentation des ETM.

Une analyse isotopique du carbone organique pourrait nous permettre de distinguer les apports de matière organique par la végétation des matières organiques transférées depuis la zone de stockage des déchets.

L'extraction séquentielle réalisée sur les sédiments serait un moyen intéressant pour essayer de déterminer les proportions d'ETM liés aux différents compartiments (matière organique, carbonate, oxydes, minéraux silicatés).

Enfin, puisque l'accumulation des sédiments sur le fond des lagunes peut être assimilée à la production d'une nouvelle forme de déchets, le devenir de ces boues d'épuration est un axe de recherche prometteur. Les transferts de pollution des sédiments vers l'environnement peuvent être investigués au moyen de tests de lixiviation ou de mesure des émissions gazeuses (gaz à effets de serre, composés organiques volatiles). En effet, du fait des quantités croissantes de boues de lagunage produites au niveau mondial la nécessité de caractériser les risques environnementaux qu'elles représentent paraît essentiel pour assurer une bonne gestion de ces substances.

Bibliographie

Agence de l'environnement et de la maîtrise de l'énergie – Les déchets en chiffres en France – Édition 2009

Aleya L, Khattabi H, Belle E, Grisey H, Mudry J, Mania J (2007). Coupling of abiotic and biotic parameters to evaluate performance of combining natural lagooning and use of two sand filters in the treatment of landfill leachates. Environmental Technology 28: 225-234

Alloway, B.J., 1995. Heavy Metals in Soils, 2nd ed. Blackie, Glasgow.

Alonso E, Aparicio I, Santos JL, Villar P, Santos A (2009). Sequential extraction of metals from mixed and digested sludge from aerobic WWTPs sited in the south of Spain. Waste Management 29: 418-424

Beg MU, Al-Muzaini S (1998). Genotoxicity assay of landfill leachates. Environmental Toxicology and Water Quality 13: 127-131

Belle E, (2008). Évolution de l'impact environnemental de lixiviats d'ordures ménagères sur les eaux superficielles et souterraines, approche hydrobiologique et hydrogéologique. Site d'étude : décharge d'Étueffont

(Territoire de Belfort – France). PhD Thèse, Université de Franche-Comté, France. 235p.

Boeglin ML, Wessels D, Henshel D (2006). An investigation of the relationship between air emissions of volatile organic compounds and the incidence of cancer in Indiana counties. Environmental Research 100: 242-254

Bozkurt S, Moreno L, Neretnieks I (2000). Long-term processes in waste deposits. Science of the Total Environment 250: 101-121

Chiriac R, Carre J, Perrodin Y, Fine L, Letoffe JM (2007). Characterisation of VOCs emitted by open cells receiving municipal solid waste. Journal of Hazardous Materials 149: 249-263

Christensen, JB, Botma, JJ, Christensen, TH (1999). Complexation of Cu and Pb by DOC in polluted groundwater: A comparison of experimental data and predictions by computer speciation models (WHAM and MINTEAQ2). Water Research 33: 3231-3238

Christensen TH, Kjeldsen P, Bjerg PL, Jensen DL, Christensen JB, Baun A, Albrechtsen HJ, Heron C (2001). Biogeochemistry of landfill leachate plumes. Applied Geochemistry 16: 659-718

Contoz O (2009). Étude de la bioaccumulation en ETMs au sein de différents compartiments biotiques dans une lagune de la décharge d'Etueffont (Belfort). Mémoire de Master 2, Université de Franche-Comté, France. 34p.

Dahlqivst R, Benedetti M, Andersson K, Turner D, Larsson T, Stolpe B, Ingri J (2004). Association of calcium with colloidal particles and speciation of calcium in the Kalix and Amazon rivers. Geochimica et Cosmochimica Acta 68: 4059-4075

Dahlqvist R, Andersson K,Ingri J, Larsson T, Stolpe B, Turner, T (2007) Temporal variations of colloidal carrier phases and associated trace elements in a boreal river. Geochimica et Cosmochimica Acta 71:5339-5354

Directive 98/83/CE du conseil du 3 novembre 1998. Journal officiel des Communautés européennes du 5 décembre 1998

Duchaufour, P (2001) Introduction à la science du sol: sol, végétation, environnement 6e édition de l'Abrégé de pédologie, Dunod, Paris, pp 331

Dupré B, Viers J, Dandurand JL, Polve M, Benezeth P, Vervier P, Braun JJ (1999). Major and trace elements associated with colloids in organic-rich river waters: ultrafiltration of natural and spiked solutions. Chemical Geology 160: 63-80

Ettler V, Matura M, Mihaljevic M, Bezdicka P (2006a). Metal speciation and attenuation in stream waters and sediments contaminated by landfill leachate. Environmental Geology 49: 610-619

Ettler V, Zelena O, Mihaljevic M, Sebek O, Strnad L, Coufal P, Bezdicka P (2006b). Removal of trace elements from landfill leachate by calcite precipitation. Journal of Geochemical Exploration 88: 28-31

Ettler V, Mihaljevic M, Matura M, Skalova M, Sebek O, Bezdicka P (2008). Temporal variation of trace elements in waters polluted by municipal solid waste landfill leachate. Bulletin of Environmental Contamination and Toxicology 80: 274-279

Flyhammar P (1997). Estimation of heavy metal transformations in municipal solid waste. Science of the Total Environment 198: 123-133

Frangipane G, Pistolato M, Molinaroli E, Guerzoni S, Tagliapietra D (2009). Comparison of loss on ignition and thermal analysis stepwise methods for determination of sedimentary organic matter. Aquatic Conservation-Marine and Freshwater Ecosystems 19: 24-33

Frascari D, Bronzini F, Giordano G, Tedioli G, Nocentini A (2004). Long-term characterization, lagoon treatment and migration potential of landfill leachate: a case study in an active Italian landfill. Chemosphere 54: 335-343

Guigue J, Mathieu O, Lévêque J, Denimal S, Steinmann M, Milloux MJ, Grisey H (2013). Dynamics of copper and zinc sedimentation in a lagooning system receiving landfill leachate. Waste Management – *Article in press.* http://dx.doi.org/10.1016/j.wasman.2013.06.004

He MM, Tian GM, Liang XQ (2009). Phytotoxicity and speciation of copper, zinc and lead during the aerobic composting of sewage sludge. Journal of Hazardous Materials 163: 671-677

Juste C, Linères M, Gomez A (1978). Étude du pouvoir complexant des matériaux contenus dans les boues se stations d'épuration vis-à-vis des oligo-éléments et des éléments toxiques et action de ces complexes sur les végétaux. Convention d'études Ministère de l'environnement 75-23, 27p.

Khattabi H, Aleya L, Mania J (2002). Lagunage naturel de lixiviat de décharge. Revue des Sciences de l'Eau 15: 411-419

Kjeldsen P, Bjerg, Rügger P, Pedersen JK, Skov B, Foverskov A, Christensen TH (1995). Assessment of the spatial variability in leachate migration from an old landfill site. Groundwater quality : Remediation and Protection (Proceedings of the Prague Conference, May 1995 IAHS Publ. no. 225.

Kjeldsen P, Barlaz MA, Rooker AP, Baun A, Ledin A, Christensen TH (2002). Present and long-term composition of MSW landfill leachate: A review. Critical Reviews in Environmental Science and Technology 32: 297-336

Kulikowska D, Klimiuk E (2008). The effect of landfill age on municipal leachate composition. Bioresource Technology 99: 5981-5985

Li R, Yue D, Liu J, Nie Y (2009). Size fractionation of organic matter and heavy metals in raw and treated leachate. Waste Management 29: 2527–2533

Lyven B, Hasselo M, Turner DR, Haraldsson C, Andersson K (2003). Competition between iron- and carbon-based colloidal carriers for trace metals in a freshwater assessed using flow field-flow fractionation coupled to ICPMS. Geochimica et Cosmochimica Acta, Vol. 67: 3791–3802

Lo HM, Lin KC, Liu MH, Pai TZ, Lin CY, Liu WF, Fang GC, Lu C, Chiang CF, Wang SC, Chen JK, Chiu HY, Wu KC (2009). Solubility of heavy metals added to MSW. Journal of Hazardous Materials 161: 294-299

Long YY, Hu LF, Fang CR, Wu YY, Shen DS (2009). An evaluation of the modified BCR sequential extraction procedure to assess the potential mobility of copper and zinc in MSW. Microchemical Journal 91: 1-5

Mangimbulude JC, van Breukelen BM, Krave AS, van Straalen NM, Roling WFM (2009). Seasonal dynamics in leachate hydrochemistry and natural attenuation in surface run-off water from a tropical landfill. Waste Management 29: 829-838

Ménillet F, Coulon M, Fourquin C, Paicheler JC, Lougnon JM, Lettermann M (1989). Notice de la carte géologique de Thann à 1/50000. BRGM. 137p.

Oygard JK, Gjengedal E, Royset O (2007). Size charge fractionation of metals in municipal solid waste landfill leachate. Water Research 41: 47-54

Oygard JK, Maage A, Gjengedal E (2009). The effects of reduction of the deposited waste on short-term landfill leachate composition of a landfill: a case study in Norway. Water and Environment Journal (2009): 1-6

Prechthai T, Parkpian P, Visvanathan C (2008). Assessment of heavy metal contamination and its mobilization from municipal solid waste open dumping site. Journal of Hazardous Materials 156: 86-94

Prudent P, Domeizel M, Massiani C (1996). Chemical sequential extraction as decision-making tool: Application to municipal solid waste and its individual constituents. Science of the Total Environment 178: 55-61

Silva AC, Dezotti M, Sant'Anna GL (2004). Treatment and detoxification of a sanitary landfill leachate. Chemosphere 55: 207-214

Silva-Filho EV, Sella SM, Spinola EC, Santos IR, Machado W, Lacerda LD (2006). Mercury, zinc, manganese, and iron accumulation in leachate pond sediments from a refuse tip in Southeastern Brazil. Microchemical Journal 82: 196-200

Steinmann M, Stille P (2008). Controls on transport and fractionation of the rare earth elements in stream water of a mixed basaltic-granitic catchment basin (Massif Central, France). Chemical Geology 254: 1-18

Stigliani WM (1991). Chemical Time Bombs: Definition, Concepts, and Examples. Executive report 16 (CTB Basic Document 1) 23p.

Trankler J, Visvanathan C, Kuruparan P, Tubtimthai O (2005). Influence of tropical seasonal variations on landfill leachate characteristics - Results from lysimeter studies. Waste Management 25: 1013-1020

Urbanc-Berčič (1997). Constructed wetlands for the treatment of landfill leachates: the Slovenian experience. Wetlands Ecology and Management 4:189-197

Viers J, Oliva P, Nonell A, Gélabert A, Sonke JE, Freydier R, Gainville R, Dupre B (2007). Evidence of Zn isotopic fractionation in a soil–plant system of a pristine tropical watershed (Nsimi, Cameroon). Chemical Geology 239 :124–137

Wang Y, Pelkonen M (2009). Impacts of temperature and liquid/solid ratio on anaerobic degradation of municipal solid waste: an emission investigation of landfill simulation reactors. Journal of Material Cycles and Waste Management 11: 312-320

www.ingramcontent.com/pod-product-compliance
Lightning Source LLC
Chambersburg PA
CBHW020316220326
41598CB00017BA/1576